密造酒の歴史

Moonshine：A Global History

Kevin R. Kosar

ケビン・R・コザー

田口未和 訳

原書房

禁酒法時代のワシントンＤＣで、押収した密造酒の山と一緒に写真におさまる警察官たち。

密造酒のつぼを持つアメリカの農夫のイラスト。1903 年。

アメリカ政府の捜査犬「フーチ」が、男の後ろポケットに鼻をつけ、違法な蒸溜酒のにおいをかいでいる。1922 年。

アメリカのテネシー州産の合法密造酒「オール・スモーキー」は、世界中で販売されている。

タイのチェンマイ近くの森で密造酒を造る女性。2007 年。

エチオピアのジンカ近くの村でモロコシの蒸溜酒を造るために使われる蒸溜器。2013 年。

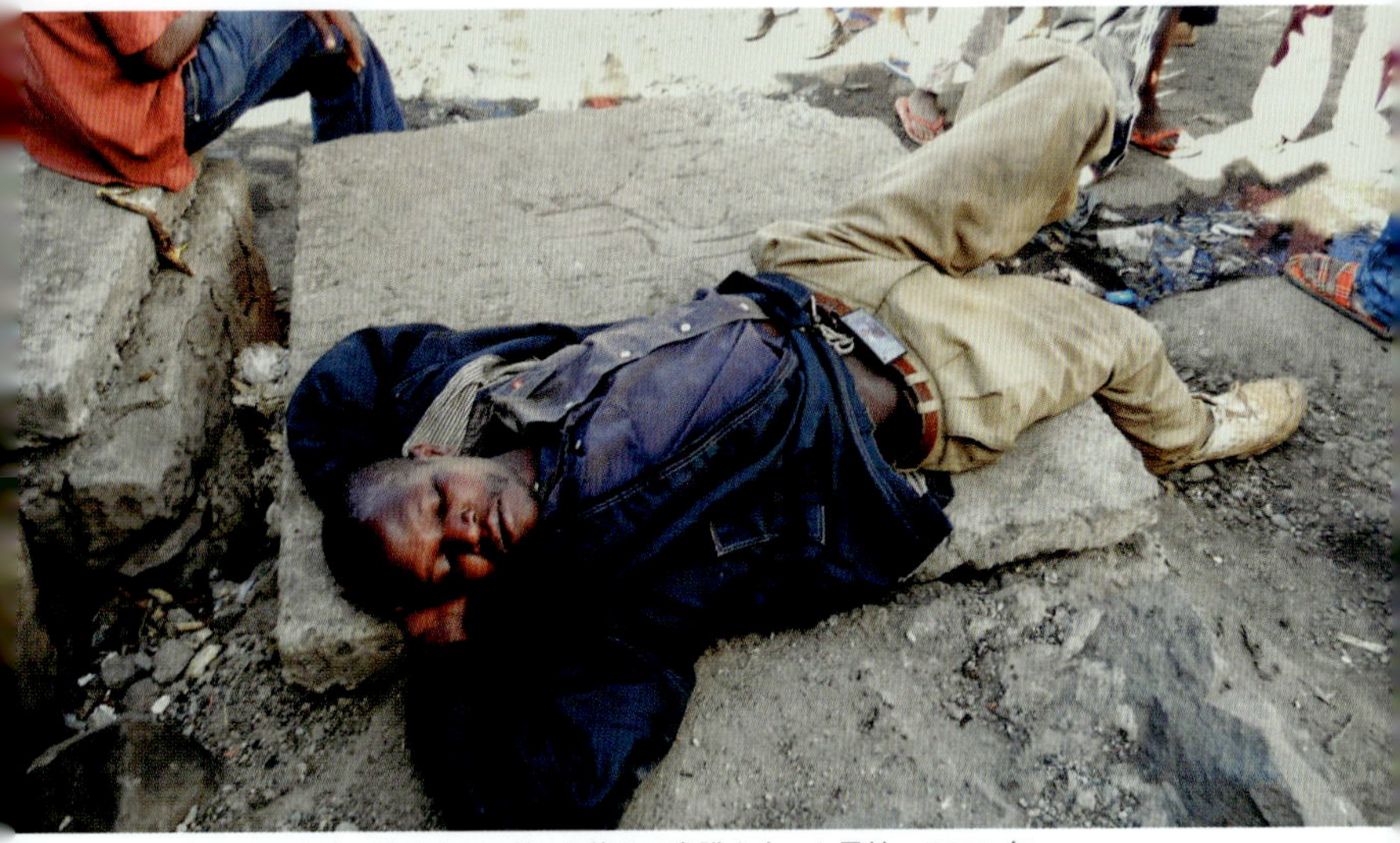

ケニアのナイロビでチャンガーを飲んで意識を失った男性。2015 年。

密造酒の歴史　目次

［……］は翻訳者による注記である。

序章
どこへ行っても密造酒はある

もう何十年も前のことだが、はじめて密造酒を味わったときのことは、おぼろげながらいまでも覚えている。大学の友愛会館の地下室で、あまり親しくはなかった学生がガラスの広口瓶を私に差し出してきた。水のように透明な液体が入っていた。故郷のウエストヴァージニアからやってきた彼の親類が持ってきたものだという。ウエストヴァージニアは密造酒の製造で有名な（見方によっては悪名高い）州である。

彼はふたを開けると、そばにいたもうひとりの学生にその瓶を手渡した。学生はちょっとにおいをかぐと顔をしかめた。私も鼻を瓶に近づけてみて、思わず頭をのけぞらせた。強いアルコールのガスで鼻孔と目が焼けるかと思うほどヒリヒリし、どっと涙が出てきた。私は恐ろしくなった。アルコール飲料を飲んだことがないわけではなかったものの、この酒は危険だ、と思った。いったい誰が造ったものだろう？　どれくらいのアルコール度数なのだろう？　もしかすると、これを飲んだら目がつぶれてしまうのではないだろうか？

それでも、私たちはこの密造酒《ムーンシャイン》——これを調達した学生は「シャイン」と命名した——を1杯ずつだけ飲むことにした。その1杯がすぐに2杯、3杯、となった。化学薬品のようなひどい味で、のどに流し込むたびに吐き気に襲われ、必死にこらえなければならない。しかししばらくすると、私たち3人は音楽を大音量でかけ、飛び跳ねるように踊り始めていた。誰かの腕が石膏ボードの天井を突き破った。そのあと、みんなでよろめきながらバーまで歩いていった気もするが、正直なところ思い出すことができない。

こうしたはじめての密造酒体験を、人は若気の至りゆえのちょっとした事件と思うかもしれない。そうであればよいのだが、私の経験ではほとんどの土地へ行っても、密造酒の話題を持ち出すと、何かしら知っているか、実際に飲んだことのある人が見つかる。

学生時代の密造酒との出合いから25年ほどたったある日、私はあのときとはまったく異なる状況にいた。その少し前に亡くなった親友のために開いた出版記念パーティー会場でのことだ。私たちはワシントンＤＣのダウンタウンにあるメトロポリタンクラブに集まっていた。１８６３年建設のそれは豪華な建物で、見上げるほどの高さの天井から凝った装飾のシャンデリアが下がるなか、口ひげを生やした軍人たちの肖像画が金の額縁のなかから、贅沢な東洋風のカーペットの上に立つ客たちをにらみつけている。このクラブの会員には、歴代アメリカ合衆国大統領、最高裁判所判事、実業界の大物たちも名を連ねてきた。現在のクラブは銀行家と弁護士の天国となっている。高額の会費を支払い、ジャケットとタイを常時着用というドレスコードに従うことのできる人たちである。

そのパーティーで、私は亡くなった友人と一緒に働いていたことがあるという年上の紳士と会話を交わした。私たちは故人の思い出を語り、彼のために高価なバーボンが入ったクリスタルのグラスを掲げて献杯した。話題は研究調査や執筆活動へと移り、私は密造酒についての本を書いているところだと言った。すると彼は「ああ、密造酒ね。そうだな、私も密造酒については少しばかりくわしいよ」と、意味ありげにほほ笑んだのだ。１９６０年代初めに大学生だった彼は、地元のレストランで手に入れた密造酒を仲間と一緒に飲んでいたという。

「ウエイトレスが、のどが渇いていないかとたずねてウインクしてくる。こちらが正しくウインクを返す。すると請求書に密造酒の分の料金が加えられる。食事を終えて車に戻ると、ボトルが1本、シートの足下に置いてあるという手順だった」。その酒の味はどうだったかたずねると、「ひどいものだったよ」と彼は認めた。「そこは禁酒法のある土地だったから、酒を買うことはできなかったんだ。州内の別の町まで行けば合法的に酒を買うこともできたけれど、密造酒をそんなふうに買うというのが楽しみの半分でもあった」

アメリカで育った私は、密造酒はアメリカにしかないものという印象を持っていた。「ムーンシャイン（moonshine）」という言葉からして、アメリカならではの言い方だと思っていた。テレビドラマの『爆発！デューク』（1979〜1985年）や通説として伝えられる密造酒の物語は、とてもシンプルなものだ。密造酒製造者はアメリカの山の中や裏通りに住んでいる。田舎暮らしをしている素朴で正直者の彼らは、それぞれの家に代々伝わるレシピで「リカー」を造る。彼らの生活は貧しく、先祖からの伝統を受け継いだ「ホワイト・ライトニング（白い雷）」を友人や近所の人たち、ときには好奇心旺盛な学生に売ることで生計を立てており、警察を出し抜くことに日々苦労している。

ときにはこうしたシンプルな話が事実という場合もあるものの、密造酒にはもっと複雑な物語がある。密造酒の歴史を知るには世界に目を向けなければならず、そのはじまりは600年前、おそらくはもっと古くまでさかのぼる。少なくともアメリカで生まれた習慣でないことはほぼ間違いない。第1章でくわしく述べるように、ムーンシャインという言葉自体も、最初に使われたのはアメリカではなくイギリス諸島だった。密造酒は想像しうるあらゆる食材から造られてきた。そして、ほとんどの国に、その国ならではの密造酒がある。この種の酒類を消費する人は、先進国の大学生から発展途上国のあまり教育を受けていない肉体労働者まで、じつに幅広い。農村で飲まれるイメージが強いが、人が密集して暮らす都会のスラムでも、郊外の高級住宅街でも飲まれている。

世界中どこへ行っても密造酒があるという認識は、アメリカ以外の国の友人や知人から情報を得ることで、ますます確かなものになった。たとえば、わりと最近のことだが、スリランカ出身の年配の女性と話していたとき、彼女はわが家のキッチンカウンターと棚に並ぶ大量のボトルを見て、あれは何?と聞いてきた。企業が私に何か書いてもらおうと送ってきた蒸溜酒のサンプルだと説明し、スリランカではどんな酒を飲むのかとたずねてみると、「ビールを飲む男性もいるし、カシップを飲む男性もいるわね」と彼女は答えた。カシップは果実から造る酒で、ひどい飲み物だという。「村の男たちはこれを飲むとひどく酔っぱらうわ」。スリランカ版の密造酒であるカシップは、非合法の酒だが、多くの人が病みつきになっている（スリランカにはヤシの木の樹液から造られるトディと呼ばれる密造酒もある）。

密造酒がこれほど広い範囲で造られているというのは、考えてみればちょっとしたパラドックスである。確かに、蒸溜酒が禁じられている場所で密造酒が盛んに造られるのは理解できる。しかし現在は、多国籍企業からライセンスを持つ店舗やスーパーマーケットに、安全で、合法で、手頃な値段で手に入る蒸溜酒がふんだんに提供されている。良質のウォッカやラムやウイスキーがかなり安く買えるのである。それなのに、なぜ21世紀になってもまだ密造酒が造られ続けているのだろう？　なぜ消費者は、もしかしたら命さえ奪いかねない危険な酒を飲むことを選ぶのだろう？　命と体を危険にさらしてまで密造酒を造ろうと人々を駆り立てるのは、いったいどんな狂気だというのだろう？

密造酒がいまもなお人々を魅了し続けている理由を知りたい――これが、この本を書こうと思った動機のひとつだ。

本書を書くなかで、さまざまな人がさまざまな理由で密造酒を飲んでいることを私は知った。ときには密造酒がその土地の文化の一部として欠かせないものになっていること

スリランカの森で瓶に詰められたばかりのカシップ。2014 年。

もある。あるいは、政治的抗議の手段として密造酒を飲む人たちもいる。それを飲むことで政府が押しつける税金や規制をあざ笑っているのである。マニアのあいだでは、密造酒造りは知的な挑戦として受けとめられている。科学的知識をどのように利用したら、純度が高い最高の蒸溜酒が造れるかという挑戦である。また、とくに若者たちにとっては、密造酒が違法であること自体が興味をそそる要因となる。やんちゃで、反抗的で、危険に見えるところにスリルがあるのだ。羽目を外して酔っぱらった翌日に武勇伝を語れば、周囲から一目置かれる存在になれる。あるいはそんな様子をリアルタイムでソーシャルメディアに投稿することもできる。しかし、おそらく酒飲みたちが密造酒に手をのばすもっとも普遍的かつ悲しむべき理由は、それが酩酊できるもっとも安上がりな方法であるからだ。

密造酒の造り手にもそれぞれに酒を造る理由がある。なかでも多いのは、すばやく、税金を納めることなく、金を稼げるということだ。私の調査では、ただの一例も、密造酒製造者が自分の造った蒸溜酒を、定期的に仲間に無料で振る舞っているという証拠を見つけられなかった。

密造酒はそもそも違法である。だからその歴史を正確に解き明かすことは簡単ではない。密造酒製造者が自伝を書くことはめったにないし、自分の手がけた作品を記録しておくわけでもない。そんなことをすれば、摘発されたときに自分に不利な証拠になるだけだ。それに、かつての密造酒製造者の多くは読み書きができなかった。つまり、彼らの活動は口伝えで何世代も受け継がれてきたのである。

密造酒造りに関しては過去も現在も、それを物語るに十分な証拠が存在する。その歴史は彩り豊かだ。登場人物も、違法者を追い続ける法執行者、まじめな農夫、頭の切れる何でも屋、あくどい密輸業者やギャング、尊大な詩人、沼沢地《しょうたくち》や山中に暮らす隠者、スリルを求める若者たち、とバラエティに富んでいる。密造酒の物語には技術の普及、人間の創意工夫、経済、欲と政治的闘争など、多くの要素が入り組んでいる。

ただし、密造酒の物語は基本的には、酔っぱらいたいという人たちの欲望の物語である。人々が密造酒を飲むのは、背が高くなるためでも、力が強くなるためでも、賢くなるためでもない。酔っぱらうために飲むのである。それも、できるだけ早く酔っぱらうために。

本書はおそらく、密造酒について書かれる最後の本にはならないだろう。このテーマは大きすぎ、毎日のように新しい歴史が発見され、創造されているからである。よくも悪くも密造酒は今も生き続けており、世界中にあふれ出している。

第1章 密造酒の基本

イエス・キリストは言った。「貧しい人々はいつもあなたがたと一緒にいる」。同じことが密造酒にもいえるかもしれない。「密造酒はいつもあなたがたと一緒にいる」と。なぜこの永遠の真理に行きつくのかを理解するのはむずかしいことではない。アルコール度数の高い酒を好んで飲む者がいる。そして、法律を無視することに良心の呵責《かしやく》を感じない者がいる。そこから密造酒に欠かせない特徴が浮かび上がる。つまり、密造酒とは違法に製造された蒸溜酒なのである。

序章でも触れたように、密造酒はアメリカで発明された、アメリカ特有のものとかんちがいされていることが多い。よく目にする説明では、密造酒は水のように透明で、アルコール度数が非常に高く、穀物を原料に造られた飲み物で、アメリカの中部大西洋沿岸州と南東部州（ヴァージニアからフロリダまで）とアパラチア山脈（ウエストヴァージニアからアラバマまで）で生まれた、とある。この説明によれば、密造酒が「ムーンシャイン」と呼ばれるのは、山村や農村の住民が月明かりを頼りに屋外でこっそり蒸溜していたからだ、ともある。

歴史的な資料を丁寧に読んでみると、真実はそれよりずっと複雑であることがわかる。密造酒はアラスカ州からメイン州まで、アメリカ全50州で造られてきた。さらには、アメリカに限らず世界中で造られている。そして、「ムーンシャイン」という名前の由来は、どのように造られるかよりも、その怪しい性質からきているのだ。

言葉の持つ意味

英語の辞書として権威のある『オックスフォード英語辞典 *The Oxford English Dictionary*』によれば、moonshine という語が最初に使われたのは1425年のイギリス諸島で、そこから海外に広まっていったのではないかと思われる。中期オランダ語の maenschijn、ドイツ語の manshin、アイスランド語の manaskin、スウェーデン語の mansken なども、非常によく似ている。

イギリス人は当初、moonshine を moonlight［月光］の同義語として使っていた。シェイクスピアの喜劇『ウィンザーの陽気な女房たち』（1602年）では、登場人物のひとりがこう言う。「みんなで代わる代わる、つねってやろう、燃やしてやろう、転がしてやろう。ろうそくの火も、星の光も、月明かり（moonshine）もなくなるまで」（第5幕）。詩人たちが moonshine の意味を心地よい輝きを放つものへと広げ、作家たちがさらに多くの意味合いを付け加えた。そして、この語は何か幻想的なもの、実体のないもの、たとえば水面に映る月のようなものを表すためにも使われるようになった。たとえば1532年、ヘンリー8世の元大法官トマス・モアは、『ティンダルの回答に対する論破 *The Confutation of Tyndale's Answer*』のなかでプロテスタントの宗教改革者ウィリアム・ティンダルの宗教的見解を次のように非難した。「彼の結論全体の証拠は……水に映る月のように実体がないもの（moneshyne）と……みなしてよいだろう」

それから2世紀後には、moonshineはより否定的な意味合いを持つようになった。『オックスフォード英語辞典』にも書かれているように、くだらない話をする人、人の心に訴える説得力があるようでいて、じつは中身のない話をする人を表すときにも使われた。1762年8月の『エディンバラ・マガジン』誌に、エディンバラとロンドンで紙の密輸をしている投機家たちへの不満をぶちまけた記事が掲載された。「しばしば大量の闇取引（moonshine）をする投機家たちは……国債にわずかな額も加えない……競争相手を抑圧する巧妙なこの連中にとって、ライバルの三分の一を破滅させることが唯一の仕事なのだ」

1780年代にはついに、moonshineはアルコールと結びついた意味を持つようになった。『ヨーロピアン・マガジン・アンド・ロンドン・レヴュー』誌には、「純度の高いムーンシャインと間違いなく出合える密造酒業者たちの溜まり場」という記事が掲載された。また、俗語の収集のためにロンドンのあまり評判のよくない地域に出入りしていた辞書編集者のフランシス・グローズは、moonshineが無認可で販売されるアルコール飲料の意味で使われているのを聞いている。グローズの『古典俗語辞典 *A Classical Dictionary of the Vulgar Tongue*』（1785年）にはmoonshineの項目があり、古くからの意味と新しい意味

『古典俗語辞典 *A Classical Dictionary of the Vulgar Tongue*』の著者、フランシス・グローズの描画。1840年頃。

の両方を載せている。「A matter or mouthful of moonshine――取るに足りないこと。ケント州とサセックス州の海岸地域で密輸されている白いブランデーはmoonshineとも呼ばれる」。１７９６年の改訂版では、さらに、「ヨークシャー州北部の非合法のジン」との記述も加えられた。

その後は、moonshineとアルコールとの結びつきが強くなるばかりで、ほかの意味合いは徐々に薄れていった。19世紀末までにはこの語は大西洋を渡り、アメリカに届いた。１８７７年の『ニューヨーク・イヴニング・ポスト』紙は、「moonshiner」とは「非合法のウイスキー製造者」のことだと説明している。翌年の『ナショナル・ポリス・ガゼット』誌は、「moonshiningという語は初期の時代の違法な酒類の蒸溜の様子から生まれた言葉で、蒸溜酒製造者が夜の暗い時間帯、つまり月明かりが輝く時間帯に作業をしていたからというシンプルな理由でそう呼ばれた」と説明した。こうして、moonshineという言葉の由来として部分的には真実が含まれる説明が定着し、現在に至るまで広く信じられている。密造酒がmoonshineと呼ばれるのは、月明かりの下、屋外で不法に製造される蒸溜酒だったから、という説明である。

密造酒とは何か？

密造酒とは蒸溜して造る酒類のことである。この種のアルコール飲料がすべてそうであるように、最初に醱酵飲料（ビールやワイン）を造り、それを熱することでより純度が高くアルコール含有量も多い液体を抽出する。ビールやワインはアルコール度数が２～15パーセントで、アメリカでは４～30プルーフに換算される［プルーフはアメリカやイギリスで習慣的に使われてきたアルコール度数を表す単位］。合法的な蒸溜酒のアルコール度数は通常40～47パーセント（80～94プルーフ）。それが密造酒では95パーセント（１９０プルーフ）になることもある。

醱酵の手順はいたってシンプルだ。どこでも手に入る酵母を糖分の多い液体と混ぜると、酵母はその糖分を取り込み、副産物としてアルコールを放出する。つまり、醱酵は人間の手が加わらなくても自然に起こる。スウェーデンではヘラジカが酔っぱらって暴れるといった話をよく耳にするが、これはめずらしいことではない。ヘラジカがたまたま口にしたリンゴが腐って醱酵しており、果汁がアルコール分を含むリンゴ酒に変わっていたために起こる現象である。スミソニアン協会のオンライン・マガジンでは、自然に醗酵したものを食べたり飲んだりする動物の事例が報告されている。たとえばマレーシアでは、ブルタムというヤシの木の醗酵した蜜を、ツパイ［リスに似た小型の哺乳類］やスローロリス［小型のサルの仲間］が飲む例が挙げられている。

人類の最初期の酒の造り手たちは、簡単な道具と材料を用いてビールやワインを造った。ブドウは足で踏みつぶすか道具で押しつぶすかすれば、甘味のある果汁が出るので、それをふたのない器に入れて放置しておけば、自然に醗酵した。穀物はすり鉢と乳棒を使ってすりつぶし、水を加えて火にかければ糖分が出るので、それを放置しておけば醗酵させることができた。

しかし、第2章でくわしく説明するように、蒸溜の作業はこれよりずっと複雑で、手の込んだ設備を必要とする。なかでも蒸溜釜とパイプが必須で、これを使って熱したビールやワインから出るアルコールを含んだ蒸気を逃がさないようにして液化する。この液化した蒸気が蒸溜酒となる。

密造酒とは何かと考えるときに、どんな原料を使っているかを問題にする人たちがいる。本物の密造酒と呼べるのは穀物から造ったものだけで、樽で寝かせたり、風味《フレーバー》を加えたりしてはならないと固く信じているのだ。こうした厳密な定義は、多くの点で問題がある。ひとつには、こうした見方をする人たちは――おもしろいことに、と言っていいと思うのだが――どの穀物を使うことが正しいのかについては合意できていない。トウモロコシなのか、大麦なのか、それともライ麦なのか？　また、現実的な問題にも突き当たる。たとえば、もしトウモロコシだけで造った蒸溜酒を数か月のあいだ樽に保存していたら、それはもう密造酒ではなくなるのだろうか？　また、同じ穀物ではあっても、トウモロコシでも大麦でもライ麦でもなく、米やキビから不法に蒸溜した、純度が高く熟成していない蒸溜酒は、何と呼べばいいのだろう？　科学的な問題もある。アルコール度のかなり高い蒸溜酒、たとえばアルコール含有量80パーセント以上の蒸溜酒には、原料はほとんど残っていないので、実質的には風味がないに等しくなる。つまり、どんな原料を使っているかなどわからなくなるのだ（数年前、ある友人が私に、アパラチア山脈地方の密造酒の小瓶を持ってきてくれた。蒸溜酒を調べるようになって10年以上たっていたが、私にはこの酒が何から造られているのかわからなかった。アルコールとしての出来はすばらしかったが、何の香りも味もしなかった）。

現代社会では、各国の政府が法律や規制により合法と認められる蒸溜酒を定義している。

この定義では醗酵させる原料と細かい製造法を指定していることが多い。たとえばアメリカ政府はバーボンを、「少なくとも51パーセント以上のトウモロコシを含む醗酵原料から製造されるアルコールが160プルーフ（アルコール度数80パーセント）を超えないウイスキーで……炭化した新しいオーク材の容器で125プルーフを上限に保存されるもの」と定義している。密造酒にはこうした定義はない。蒸溜アルコール飲料の法的な定義に当てはまらないアルコール度数の強い酒類、あるいはライセンスを持たない蒸溜業者が製造した安酒が、密造酒と呼ぶのにふさわしい。

誰がいつ密造酒を発明したのか？

非合法のアルコール飲料という意味で moonshine という語が最初に使われたのは、1780年頃のイングランドだった。しかし、密造酒そのものが造られ始めたのはいつだったのだろう。

科学的な証拠によれば、人類は1万年近く前からアルコール飲料を造ってきた。中国北部の村で発見された紀元前７５００年頃のものとされる容器には、米、ハチミツ、果物から造ったアルコール飲料の痕跡があった。イランのザグロス山脈で発見された陶器（アンフォラ）には、紀元前５４００年頃のブドウをベースにしたワインの痕跡があった。同じように、エジプトやシリアなど中東の国々の遺跡でも、ワインやビールが浸み込んだ杯が発掘されている。さらに、その他の状況証拠は、それより古い時代から醗酵性のアルコール飲料が造られていたことを示している。

蒸溜は醗酵よりも手順が複雑で技術的にもむずかしいため、醗酵よりは遺物の年代が新しくなる。ここで、資料を読み解いてみよう。技術史家のＲ・Ｊ・フォーブズは、権威ある『蒸溜技術小史 *A Short History of the Art of Distillation*』の１９７０年版で、紀元１００年頃にエジプトのアレクサンドリアでは、化学者たちが蒸溜によって薬や芳香水をつくっていたと述べている。

一方で、フォーブズの推定は控えめすぎると思えるような別の証拠もある。紀元前３５０年、古代ギリシアの哲学者アリストテレスは『気象論』にこう書いている。

塩水は蒸気に変わると甘くなる。その蒸気を再び液化しても塩水にはならない。私は実験を通してそれを知った。同じことがほかのものにも当てはまる。ワインなどの液体は……気化させたものを凝縮すると液体状態に戻る。

また、F・R・オールチンは1979年にイギリス王立人類学協会から発表された論文で、インドでは紀元前500年から300年のあいだに、たんに液体を蒸溜するだけでなく、蒸溜酒を造っていたと指摘した。

これらのことから、蒸溜酒造りの歴史は1500年前までさかのぼれるだろう。しかし、密造酒造りはいつ始まったのだろう？　この問いの答えを探すには、この章の冒頭で述べた定義に戻る必要がある。「密造酒は違法に製造された蒸溜酒である」。

この定義に基づくと、密造酒は政府が蒸溜酒の製造者を、合法の製造者と非合法の製造者に分ける法令を定めたときに生まれることになる。あるいは、政府が蒸溜酒に課税し、誰かがそれから逃れようとしたときだ。そうした動きは実質的に、蒸溜酒の世界をふたつのタイプに分けることになった。正式に認められたものと、ルールに違反するものである。

支配者や体制が特定の蒸溜酒について、合法か非合法かを定めた最初の時期は正確にはわかっていない。しかし、為政者は古くからアルコール飲料を規制することに関心を持っ

ハンムラビ法典が刻まれた紀元前1750年頃の石板、ルーヴル美術館所蔵。このメソポタミアの法律集はさまざまな物事を規制しているが、酒類の規制も含まれた。

ていた。

古代バビロニアのハンムラビ法典（紀元前1772年）には、飲み物に関するいくつかのルールが含まれ、なかには次のような奇妙なものもある。「居酒屋の主人が酒代の支払いとしてそれに相当する重量のトウモロコシを受け入れず、金銭で支払わせた場合、そして酒代がそのトウモロコシより安いときには、その主人は有罪となり水のなかに放り込まれる」。また、中国でもこれより少しあとの時代に、米から造る酒に対する規制と課税を始めた可能性がある。「肥沃な三日月地帯」「チグリス、ユーフラテス川流域からシリアに連なる古代オリエント文明の中心地」の多くの国では、強い酒類に関してさまざまな非難の声が上がった。アルコール類は神に忌み嫌われるものとみなし、全面的に禁じる地域もあった。

1500年までには、いくつかの国が強い酒類の製造をはっきりと規制し始めていた。ロシアがこれらの酒類にはじめて課税したのは1474年。スコットランドでは1506年にジェームズ4世が、アクア・ヴィタエというアルコール度の高い蒸溜酒の独占的な製造権と販売権をエディンバラの理髪外科医ギルドに発行した。スコットランド政府による合法の酒類と密造酒の区別はそれより早くなされており、合法な酒類の例としては、

１４９４年の『王室出納簿 *Scottish Exthequer Rolls*』の記帳項目のなかに、修道士ジョン・コーがアクア・ヴィタエの製造用に「８ボルの大麦麦芽」を調達したという記述がある。８ボルは大麦５０７キロに相当し、１９０リットルほどの蒸溜酒ができる。

政府による蒸溜酒の合法、非合法の区別と規制は、すぐさまヨーロッパ中に広まった。この現象の一部は、商業全般での許認可制の導入と重なり合っている。また、アルコール製造についての政策は初歩的な蒸溜技術の広まりへの反応でもあった。蒸溜酒造りはもはや少数の錬金術師たちの秘術ではなく、一般の人々も試せるものになっていたからだ。さらには、政府はアルコールを社会的病理――酔っぱらいの暴力や迷惑行為など――を引き起こす原因であるとともに、貴重な歳入源ともみなした。その結果として、アルコール類を製造し販売するためのライセンス制を導入し、課税対象にするという政策を取った（現在では所得税が一般的になったが、１５０年前まではほとんどの西洋諸国の政府は関税を財源とし、品物に課税していた）。こうして、アルコール類にかかる手数料を支払えない者、あるいは支払いたくない者たちが、初期の密造酒製造者になった。

密造酒の種類

はっきり言ってしまうと、世界各国に存在する密造酒の種類をすべて挙げるのは不可能である。人類は想像しうるかぎりのあらゆる醗酵可能なものを違法な酒類に変えてきたと言っていい。ジョセフ・E・ダブニーの『山の蒸溜酒 *Mountain Spirits*』（1974年）によれば、17世紀のアメリカ人は「ブラックベリー、柿、ビルベリー、プラム、ササフラス［クスノキ科の落葉樹］の樹皮、樺の木の樹皮、トウモロコシの茎、ペカンナッツ、カボチャ、ポーポーの実、カブ、ニンジン、ジャガイモ、雑穀など」から密造酒を製造していた。原料が多様であることは現在でも変わらない。ハンガリー人はアプリコットを、インド人はカシューの実を蒸溜酒に変え、モンゴル人は馬乳を醗酵酒に変える。

このように、密造酒造りは世界中で行なわれていて、原料も呼び名もさまざまだ。それでは、実際に密造酒を造る工程とはどのようなものなのだろうか？

密造酒の「ラキヤ」や「スリヴォヴィッツ」の蒸溜に使われるセルビア産のプラム。

インドのゴアで密造酒の「フェニ」を造るためにつぶされるカシューの実。2011年。

世界の密造酒

国	代表的な名称	醗酵させる原料
アルメニア	オギー（oghee）	ブドウ、プラム、アプリコット
クロアチア	ラキヤ（rakija）	ブドウ、プラム
エジプト	ブーザ（bouza）	大麦
ハンガリー	ハジパーリンカ（hazipalinka）	プラム、アプリコット、サクランボ
インド	フェニ（feni）	カシューの実、ココナッツ
イラン	アラグサギ（aragh sagi）	レーズン
アイルランド	ポチーン（potcheen, poitín）	穀物、砂糖
ケニア	チャンガー（chang'aa）	トウモロコシ、ソルガム
ラオス	ラオラオ（lao-lao）	米
モンゴル	アルヒ（arkhi）	馬乳

たわわに実るナツメヤシ。シチリア島タオルミーナ。2006年。

インドでヤシの樹液を集める人たちの描画。1850年頃。

ミャンマー	トディ（toddy）	ヤシの樹液
ノルウェー	イェンメブレント（hjemmebrent）	砂糖
パキスタン	クッピ（kuppi）、タラ（tharra）	キカルの樹皮と砂糖
フィリピン	ランバノグ（lambanog）	ココナッツの樹液
ポルトガル	スグアルデンテ・デ・メドロンホス（sguardente de medronhos）	メドロンホ［イチゴノキ］の実
ロシア	サマゴン（samogon）	ジャガイモ、砂糖
南アフリカ	ウィットブリッツ（witblits）	ブドウ
スーダン	アラク（araqi）	ナツメヤシ
ウガンダ	ワラギ（waregi）	バナナ、サトウキビ
アメリカ	ムーンシャイン（moonshine）、ホワイト・ライトニング（white lightning）	トウモロコシ、砂糖

第２章 密造酒を造る

マックス・ワットマンは非常に聡明な人物だ。アメリカの一流大学で修士号を取得し、全米芸術基金の文学フェローシップを授与された。ワットマンは多才でもあり、料理人、講師、銀細工師、ウェブデザイナー、さらにはニューヨーク市で地元紙のジャーナリストなどを経験してきた。

そんな彼がおもしろ半分に密造酒を造ってみることにした。おもしろ半分とはいえ、目的の達成方法を合理的に追求し、リサーチに時間をかけた。そうしてたどり着いたのは、初代合衆国大統領ジョージ・ワシントンが使っていたアメリカン・ウイスキーのレシピだった。原料には上質のものを調達した。粒状のトウモロコシ、ライ麦（一般的なものとフレーク状のもの）、大麦麦芽、シャンパン酵母である。ワシントンは大規模な蒸溜酒製造所を所有していて、そこで大量の酒類を造っていた。レシピはその製造所で使われていたものだったので、ワットマンは最終的に0．97ガロン（約3．6リットル）の蒸溜酒ができるように調整した。

ワットマンは密造酒造りにおける大冒険を、『ホワイトドッグを追いかけて *Chasing the White Dog*』（2010年）に記している。彼が試みたのは骨が折れる方法だった。そして、その努力もむなしく、結局はうまくいかなかった。ワットマンは1週間かけて、自宅のキッチンで穀物に水を加えて熱し、酵母を入れて醗酵させた。醗酵してどろどろになった穀物は「むかつくような酸っぱいにおいを放ち……質の悪いサワー種を使ったパン生地を長く置きすぎたときのようだった」と報告している。それでも何とかしてそのどろどろのマッシュ（もろみ）を手製の蒸溜器に移そうと奮闘した。こうして数時間後にようやく蒸溜にまでたどり着いたのだが、彼の蒸溜器は漏れがひどかった。熱心な研究と、出費と、努力にもかかわらず、初めての蒸溜酒造りの試みはわずか60ミリリットルの密造酒にしかならなかった。そのうえ、「ひどい味だった」とワットマンはふりかえっている。

蒸溜の基礎

蒸溜のプロセス自体はシンプルだ。液体を沸騰するまで熱し、たちのぼった蒸気を蒸溜器を使って逃がさないようにして冷やし、純度の高い液体にする。これだけである。しかし、アルコール類を蒸溜する作業となると難易度が上がり、細心の注意を必要とする。

密造酒を蒸溜する目的は、基本的には、エタノール（エチルアルコール）と呼ばれる特定の種類のアルコールを造り出すことである。この化学物質は炭素、水素、酸素の合成物（CH_3CH_2OH）で、驚くほどさまざまな場面で役に立つ。たとえば、エタノールは自動車やロケット、おもちゃの列車の燃料に使われてきた。家の暖房やキャンプ用コンロの燃料にもなる。燃料以外では、ジェル状のハンドクリーナーの主成分で、殺菌効果がありバクテリアやウイルスを殺す。ほかにも数えきれない化学物質の構成要素となり、たとえば不凍液、洗浄液、塗装剤、香水などに使われている。そして、エタノールは人間、そして動物を酔っぱらわせる効果がある。
密造酒造りにおけるエタノールについて、方程式で表してみると次のようになる。

エタノール＝（醗酵）＋（蒸溜）

同じように、エタノールの（醗酵）と（蒸溜）もまた、シンプルな方程式として表すことができる。

醗酵＝（砂糖＋水＋酵母）
蒸溜＝（熱）＋（液化）

これらの方程式が導きだすのは、密造酒を造るには、（砂糖＋水＋酵母）＋（熱）＋（液化）が必要、ということだ。
それでは、設備についてはどうだろうか。特徴的なのは、醗酵のための容器と、蒸溜器（スチル）だ。蒸溜器は蒸溜のための容器、熱源、蒸気を液化するパイプから成る。

グラスに入れた純度の高い密造酒が燃えている。炎が見えないのは、不純物が混じっておらず、きれいに燃えているからだ（純度の高い密造酒は青い炎を出すという古い言い伝えが嘘であることがわかる）。

アメリカの密造酒品質管理試験

密造酒を製造したり購入したりする人たちは、その密造酒にどれだけアルコールが含まれているかを知りたがる。それを知るための方法のひとつは、密造酒の入ったガラス容器を振ることだ。もし大きな泡ができてしばらく消えずに残るようなら、アルコール度は高い。もし小さな泡ができて長く残るようなら、アルコール度は低い。

もうひとつの一般的なテスト法として、スプーンに入れた密造酒にマッチの火を近づける方法がある。すぐに火がつけば、おそらく40パーセント以上のアルコールを含む。ただしこのテストは確実なものではない（密造酒に含まれるほかの成分によって火がついたのかもしれない）。よく伝えられる話に、「もし炎が青い色をしていれば、その密造酒の純度は高い」というものがある。そのため、高品質の密造酒はしばしば「青い炎（ブルーフレイム）」と呼ばれる。しかし残念ながら、これは事実ではない。失明を引き起こすメタノールを含む密造酒は青い炎を出して燃えることがあるため、炎が青いからといって安全だと思ってはいけない。

代表的なアルコール

エタノール（エチルアルコール）

飲用可能なアルコールで、ビール、蒸溜酒、ワインのおもなアルコール成分となる。

フーゼルアルコール

醗酵の副産物としてできるさまざまなアルコールの総称。「質の悪い安酒」を意味するドイツ語のFuselからきている。フーゼルはアルコール飲料にさまざまな（しばしば不快な）風味をもたらす。

メタノール（メチルアルコール）

「木精」とも呼ばれ、しばしばホルムアルデヒドなど他の化学物質を製造するために使われる。毒性があり、これを飲むと失明や死のおそれがある。

変性アルコール

エタノールにさまざまな化学物質を加えたもの。これを飲むと中毒やひどい吐き気を引き起こす。

イソプロピルアルコール

「消毒用アルコール」としても知られ、消毒や洗浄溶剤として使われることが多い。通常は強力に変性された状態（アルコール分70〜99パーセント）で売られる。これを飲むとひどい吐き気をもよおし、アルコール中毒や死につながりやすい。

失敗の原因はさまざま

アルコールの蒸溜はいたって簡単なプロセスのように思えるが、マックス・ワットマンの例からわかるように、実際に行なうとなると非常にむずかしい。ワットマンの初めての蒸溜酒造りはさまざまな要素によってつまずいた。そのなかでもとくに大きな要素は、蒸溜器の漏れだ。

蒸溜は食品科学と製造技術の組み合わせで、プロセスのどの段階でも大小の失敗を引き起こす可能性がある。密造酒造りのレシピが――見つかる場合はだが――かなり細かく書いてあることが多いのも、そのためだ。たとえば、かつてヴァージニア州のクイン家がトウモロコシの密造酒を造るために使っていたレシピ『クイン一族 *The Quinn Clan*』（１９９３

年）では、細かな文字で6ページもの長さにわたり、図表なども使い、蒸溜器を熱するのに適した木材（「ヒッコリー、セイヨウトネリコ、あるいはオーク」）を紹介している。

蒸溜酒造りの基本の3ステップは、糖分の抽出、醗酵、蒸溜である。

糖分の抽出の段階で、原料に砂糖そのもの（白砂糖でもブラウンシュガーでもほかのものでも）を使うのでないかぎり、早くもプロセスの難関がおとずれる。密造酒を造るには、まず有機物を準備しなければならない。それを醗酵させることで糖分を引き出すためだ。有機物として果物を使う場合は、バクテリアが残らないようにしっかり洗ってから、押しつぶして果汁を出す。種子が混じったままだと嫌な苦味が加わり蒸溜酒ににごりが出るので、通常は取り除く。『自家製ウォッカ、インフュージョン、リキュールを造る *Home Production of Vodkas, Infusions and Liqueurs*』（2012年）では、酒造家のスティーヴン・マリアンスキとアダム・マリアンスキが、サクランボや桃、アプリコットなどに含まれる核果も、「ビターアーモンドのような強烈なにおいを放つシアン化物を含んでいるかもしれないので、取り除いたほうがいい」と忠告している。圧搾《あっさく》した果汁は糖分に富むが、手早く、注意深く扱わないと、自然の酵母や微生物で汚染されてしまう。

トウモロコシや小麦などの穀物のほか、ジャガイモなどのデンプン質を原料にすると、さらに手がかかる。デンプンから糖分を引き出すには、「３つのＭ」――モルティング（製麦）、ミリング（粉砕）、マッシング（糖化）――という工程が必要になるからだ。

醗酵のプロセスには麦芽（モルト）が欠かせない。３つのＭはこの麦芽をつくり出す作業だ。まず、大麦やトウモロコシなどの穀物から種子だけを取り出し、水に浸して成長を促す。種子が発芽したら成長を止める。ここまでをモルティングという。種子は挽《ひ》き臼《うす》などですりつぶし、フレーク状や粉状にする。この作業をミリングという。この挽いた麦芽には酵素（シスターゼとジアスターゼ）が豊富に含まれ、その酵素によってほかのデンプンからも糖分が引き出される。

モルティングのあいだには、失敗につながる要素が数多く存在する。種子を水に浸しすぎれば腐ってしまうかもしれないし、成長させすぎると糖分が使い果たされてしまう。菌類の感染もよくある失敗のひとつである。フザリウム属の菌類やその他のきのこ類が穀物に侵入すると、不快なにおいが生じる。麦角菌はとくに危険だ。密造酒製造者は蒸溜プロセスのあいだに味見をして、質を確認することが多い。麦角菌に感染した麦芽を摂取すると、けいれん、躁病《そうびょう》、妄想、壊疽《えそ》を引き起こすことがある。

麦芽が用意できたら、次には主原料となる醗酵性食品を熱湯の入った鍋や器に入れて、細胞組織を弱め、糖分がすんなり放出されるようにする。この時点で、蒸気の上がる容器に麦芽を加える。すると数時間後には容器の中身が甘いスープに変わる。この工程をマッシングという。加える麦芽の分量を間違えると、適切な量の糖分が集まらない。糖分の量は最終的にでき上がる密造酒のアルコール度数の強さに関わってくる。また、熱するときの温度にも注意しなければならない。液に含まれるさまざまな酵素は特定の温度でより活性化する。温度が高すぎると液がこげついたり、吹きこぼれの原因になったりする。こげつきは蒸溜酒によけいな苦みを加えるし、吹きこぼれで造り手が火傷やけがを負って、蒸溜酒造りに支障が出るかもしれない。

蒸溜プロセスは、次に醗酵のステップに入る。この糖分に富んだ粥状のものをアルコール飲料に変えるには、酵母、単細胞菌類、触媒が必要になる。酵母はどこにでもある。空気中にも、海底にも、虫の内臓や人間の足の指のあいだにもすみついている。科学者はこれまでに1500種ほどの酵母を特定してきた。有機物が見つかるところならどこにでも、こうした微生物は存在する。酵母は有機物を分解吸収して副産物を放出する。副産物は役に立つこともあれば、害になることもある。たとえば、カンジダは口腔や性器の感染症を引き起こす。ジゴサッカロマイセスは飲食物を汚染する。サッカロマイセス・セレヴィシエなど特定の種類の酵母は、人類に恵みを与える。私たちのパンを膨らませ、飲み物を醗酵させるのだ。

ビールやワイン醸造の材料を扱う店舗やオンラインショップでは、驚くほど多くの種類の酵母を売っている。酵母はアルコールを生み出すが、ほかの物質、たとえば酸なども同時に放出し、これらの物質は独特の――しばしば不快な――香りや味を持つ。ひとつ例を挙げれば、ブレタノマイセス・ブリュセレンシスは、ベルギービールの醸造家たちに愛されている。ビールに独特の酸味を加えてくれるからだ。同じ理由で、ワイン醸造家はブレタノマイセスを嫌う。密造酒製造者にとっての課題は、正しい種類の酵母を選び、自分の好みの醗酵性食品から最高品質のアルコールを最大限に製造することである。

そのために肝心なのは、偶発的に酵母を殺してしまわないことだ。酵母は生きた有機物で、中間帯の温度でのみ生きることができる。熱すぎるマッシュに酵母を入れると、すぐさま酵母が死んでしまい、密造酒造りがそこで終了してしまう。酵母のことをよく知ったうえで、投入する前にマッシュの温度が酵母にとっての適温にまで下がっていることを確認しなければならない。醗酵が完了するまでに1週間かかることもある。この長い時間、目を離さずに注意している必要がある。醗酵途中のマッシュ――しばしば「ウォート（麦汁）」と呼ばれる――はつねに汚染の危険がある。酢酸菌は糖分の豊富なマッシュが大好物で、すばやくこれを酢に変えてしまう。ほかの空中浮遊菌やかびもマッシュを腐らせる。

汚染の恐れがあると聞くと、こう考えるかもしれない。汚染を避けたいなら醗酵に使っている容器のふたを閉めておけばよいのではないのか。残念ながらこれは、爆発を引き起こしてしまう。醗酵は、アルコールだけでなく二酸化炭素ガスも発生させる。それも大量に。醗酵用の容器はこのガスを、できればゆっくりと逃がすようにできている。炭酸ガスを大量に吸い込むと、これが肺を満たして脳が酸素不足になり、意識を失うこともあるのだ。醗酵容器の二酸化炭素ガス排出バルブを監視して、粘り気のある麦汁で詰まらないように注意する必要がある。密造酒製造者が醗酵容器の爆発でひどいやけどを負ったという話を頻繁に耳にする。

マッシュの醗酵が終わったら、いよいよ蒸溜の段階に入る。一般的には醗酵容器からまだ弱い（通常はアルコール度数が10～20パーセントの）醸造酒（ウォッシュ）を排出し、それを蒸溜器に注ぎ入れる。フィルターを内蔵したサイフォンか同様の装置を使って、酵母の大部分や他の固形物を醗酵容器のなかに残し、蒸溜器に入らないようにすることもある。固形物は蒸溜器の内側にくっついてこげつくおそれがあり、ひどい味になったり装置を壊したりする。

醗酵段階と同じように、ここでも温度管理が重要になる。アルコールは水（１００℃）よりも低い温度（78℃）で沸騰し蒸発する。目的はアルコール分を蒸発させ水を残すことだ。ウォッシュには水とアルコール、そして醗酵の残留物である微粒子が含まれる。そのため、熱を加えるときに最初の沸点を確認し、そこから蒸気中のアルコール分が大きく変わるポイントを突き止めなければならない。

蒸溜は4段階から成るとされることが多い（それぞれを「カット」と呼ぶ）。フォアショット、ヘッド、ハート、テイルの4段階で、その名から想像されるとおり、ハートが蒸溜液としてもっとも純度が高い。ハートまで達する前に、フォアショットとヘッドの段階があり、フォアショットは流れ出てくる蒸溜液の質がもっとも劣っている。カナダの一流の蒸溜酒製造者として知られるイアン・スマイリーは、フォアショットにはアセトン（マニキュア除光液に使われる）、メタノール、その他の体に悪く味もひどい化学物質が含まれると警告している。フォアショットは捨ててしまうか、使用後の蒸溜器の洗浄に使うといい。ヘッドはフォアショットのような毒性はなく、飲むこともできるが、しばしば嫌な風味を含む。ヘッドと同じようにやや質の劣るテイルは、蒸溜器に再び戻すとハートの分量が増える。しかし、密造酒製造者は流れ出てくるすべての液体を集めて、それを水と混ぜたり、ほかのフレーバーを加えたりして売ることが非常に多い。そうした雑な密造酒を飲むと、気分が悪くなったり、場合によっては意識を失うことさえある。

近代的な設備のある合法の蒸溜酒製造所では、数えきれない測定器、センサー、コンピュータが、蒸溜器のなかで分離されるアルコールを分析している。ハイテク装置がアルコールを再蒸溜し、不純物をろ過して除去する。設備は政府の細かい規制に従ったものでなければならず、安全検査官が定期的に調べている。専門的な工学の理論に基づいた現在の蒸溜所は、化学製造工場に似ている。厳密にいえば、実際に蒸溜所は化学工場だ。

当然ながら、密造酒製造者にとっては状況が異なる。使っている設備ははるかに粗末で、大規模な設備であっても明らかに素人の手によるもので、すぐに壊れてしまいそうなものも多い。装置の欠陥による失敗の可能性は高い。完全に密封されていないと、蒸溜器のさまざまな接合部分から高熱の蒸気とアルコールが噴き出してくる。パイプが詰まれば内部の圧力が高まり、蒸溜器のもろい部分が破裂するおそれがある。アルコールを含んだ蒸気は非常に燃えやすく、電荷や直火と接触しようものなら爆発が起こりかねない。そうした爆発は人の命を奪うこともある。

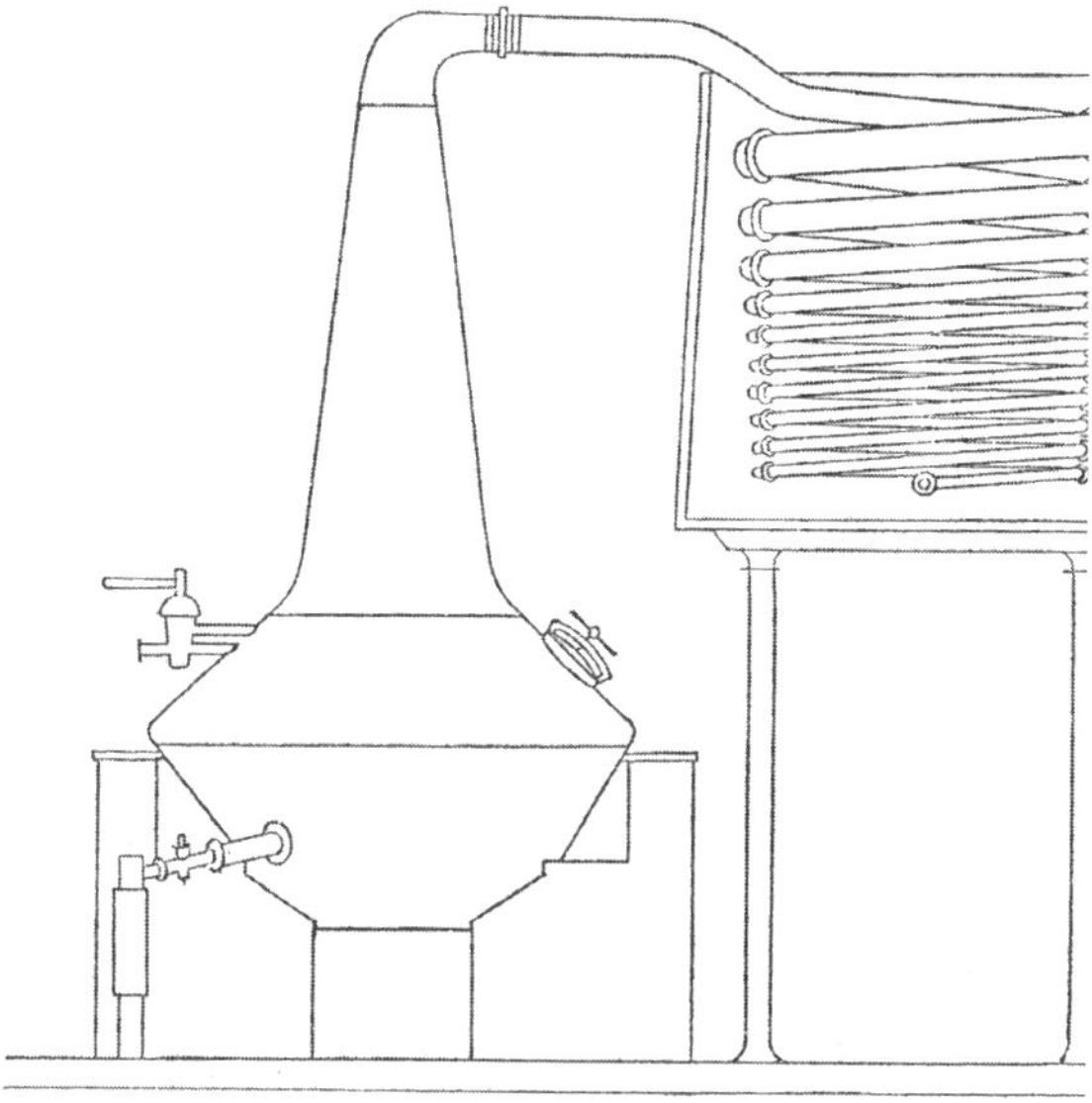

単式蒸溜器

裏山で密造酒づくりをする男たち。1940年代、アメリカ。

２０１１年、イギリス東部リンカンシャー州のボストンで爆発事故が起こった。すさまじい爆音は現場から8キロ離れた場所でも聞こえるほどだった。煙が消えてみると、そこに密造酒製造所が現れた。爆発で生じた火災で５人の男性が焼死した。非常に高温の炎はこの密造所を隠していた金属製のシャッターをよじれさせ、外に停めてあった車も焼いて灰にした。着ていた服から炎を上げたまま、何とか這い出して助かったひとりは、全身の75パーセント以上に火傷を負っていた。リンカンシャー州当局はのちに、この建物はリトアニア人男性が借りていたもので、その男は事故後にイギリスから出国したと報告した。警察はそれ以前にも、この地域で偽物のウォッカや有害な蒸溜酒を密売していた店舗を強制捜査していた。

同じような事故が、それより10年前にアメリカのペンシルヴェニア州フィラデルフィアでも起こっている。このときには週に４２００ガロン（約1万６０００リットル）という大量の密造酒を製造できる蒸溜所が爆発した。『ボルティモア・サン』紙の記事によれば、使われていない車庫を利用したこの工場には、配管、加熱、廃棄物処理の設備が設置されていた。しかし、蒸溜器のひとつがオーバーヒートした。事故当時は無人だったため犠牲者はいなかったが、建物は大きく破壊され、通りは１５０プルーフの酒とねばねばした砂糖液で覆われた。

密造酒と人間の創造力

失敗する可能性が非常に高いにもかかわらず、人間は何世紀も前から違法な酒類の蒸溜に成功してきた。使われる設備は多種多様で、当然ながらその時代の技術水準を反映している。そうした設備はしばしば、密造酒製造者の知識と社会的、経済的な地位を示唆することにもなる。古代エジプト人は紀元前１００年に蒸溜器として熱した酒類の立ち上る蒸気をとらえて凝縮できるような、球根に似た形のフラスコ（ククルビットと呼ばれる蒸溜瓶）に曲がった首（アランビック）を接合したものをつくった。これは、彼らにガラス容器を製造できる知識と技術があったからできたことだ。

中世の錬金術師や鋳掛《いかけ》屋は、金属製のもっと複雑で大きな蒸溜器をつくるようになり、金属にはしばしば銅を選んだ。銅を使うと蒸溜酒の質がよくなるからだ（のちに、銅は風味を損なう硫黄化合物を取り除く性質があると判明する）。19世紀には塔式蒸溜器（または還流蒸溜器）が発明され、現在も合法の蒸溜所の多くで使われている。これは単式蒸溜器とは見かけも仕組みも大きく異なる。驚くほど複雑な技術が用いられ、塔の上方にのぼった蒸気が冷却装置（コンデンサー）を通って液化される仕組みで、連続して蒸溜することができる。

しかし、古代エジプト式のククルビットとアランビックを組み合わせた形の装置も、いまだに使われ続けている。これは、タマネギ型またはヒョウタン型の基本的な蒸溜器のデザインとして、いくつかのスコッチウイスキーの蒸溜所で目にすることができる。この丸みを帯びた蒸溜瓶から細い導管がのびた仕組みは、密造酒製造者にとっても頼りになるモデルとして現在も使われている。技術としては申し分なく、デザインとしてもかなり応用がきく。世界中の密造酒製造者がこの蒸溜瓶と導管のモデルをベースにした蒸溜装置を工夫してきた。

ほんの少量の密造酒を造ろうとする人たちは、自宅のキッチンのコンロを使うことも多い。近くの店で糖分の多いジュースと酵母パンを買ってきて、鍋に入れて醗酵させる。このウォッシュを圧力鍋かやかんに移す。配管道具を扱う店で簡単に手に入る銅製の管をらせん状に曲げて、圧力鍋ややかんの蒸気の出る部分に取りつける。管のもう一方の端は冷

中世ヨーロッパの蒸溜装置。

アランビック・ククルビット式の蒸溜器。陶器、かご、管、自動車のタイヤ、瓶でつくられている。ザンビア、1995年。

水を入れた別の鍋または魔法瓶の上部から差し込み、底に開けた穴から外に出しておくなどする。部品の接合部分から液が漏れないように、家の修理用の詰め物かオートミールのペーストを使うこともある。さらに、鍋のふたに開けた穴から温度計を差し込めば、温度を計ることができる。熱が十分に高まると、蒸気がコイルのなかを通り抜けて上方にいき、冷却用の銅管を通るあいだに凝縮され、その後、コイルを通って鍋のなかに滴り落ちる。雑な装置かもしれないが、このシンプルな蒸溜器で密造酒を製造することができる。

密造酒製造者はときおり驚くような創造力を発揮して、本来は別の用途がある物を蒸溜装置に利用する。捨てられていた、あるいは盗んできた樽やドラム缶が、醗酵容器と蒸溜器に変身する。有毒物質が含まれることもあるケニアの密造酒チャンガーは、もともとは燃料や料理用オイルが入っていた古い鋼鉄製のドラム缶で造られることが多い。金属製の洗濯用たらいは炉として使えるかもしれないし、どこかで見つけてきた庭用のホースは、ゴミ捨て場から拾ってきたプラスチック容器にアルコール液を注ぎ込む道具になるかもしれない。ラオスでは、密造酒のラオラオが同じようにガラクタをかき集めた装置で造られる。クレイグ・アンプルビーは、自分のAWorldofDrinks.comという世界の飲み物に関するウェブサイトに、メコン川流域の村にある蒸溜所を訪ねたときのことをこう書いている。

私はこの仕組みを表現する言葉を見つけるのに苦労している。粗末な装置と呼ぶことでさえ、少しばかり寛大すぎるように思える……［蒸溜器は］石油用のドラム缶で、そこに自然醗酵させた（中庭で日にさらしていた）米の酒を入れ、ゆっくりと燃えるたきぎの火にかけて熱する。ドラム缶の上には汚れた布をきつく巻きつけ、蒸気を少しでも逃さないようにし、下では羽をむしり取ったばかりの鶏がこの蒸溜器を熱している炎に頭を突っ込んでいる。装置のほかの部分は簡素で粗雑そのものだ。しばらくするとドラム缶の上にふたをかぶせる。そこにつながれた管を水の入った浴槽を通すことでアルコールを含んだ蒸気を液化し、その液体がバケツに注がれるようにしている。

バケツのなかの液体はその後、汚れたガーゼ布でこされてから瓶詰めされ、ラオラオと呼ばれる密造酒となる。アンプルビーはこの酒はひどい出来で、除光液のにおいがしたと書いている。

信じるかどうかは別として、石や泥や糞なども利用されることがある。世界中の密造酒製造者は石で小さな炉をつくり、その上に蒸溜用のやかんを置き、泥を使って固定してきた。泥はやかんのなかの熱を保つ働きもある。では、糞便は？　新鮮な糞の山は温かく、麦の種子を入れた袋や非合法の酒類の容器を安全に隠しておける。

驚いたことに、世界でもとくに厳しく制限された場所でも、人々は禁じられた酒類を何とかして造り出すことに成功してきた。第二次世界大戦中、米軍の潜水艦乗組員たちは海軍の規則にはなはだしく違反する「魚雷ジュース」を造っていた。潜水艦の魚雷を発射するために使われる190プルーフのエタノールを少しばかり蓄えておいて、それにビタミンC不足による壊血病を防ぐ目的で艦に搭載していたオレンジジュースやパイナップルジュースを混ぜることで飲みやすくした。

また、厳しい監視と規制にもかかわらず、刑務所でも密造酒が造られる。40年前にアイルランドのクラムリン・ロード刑務所で刑期を過ごしたブレンダン・オラガレイは、映画『ポチーン――話をするよりまず一杯 Poitín: Is tUisce Deoch Ná Scéal (Poitín: A Drink Comes Before a Story)』（2014年）の製作者に、残り物の食べ物をどのように醗酵させ蒸溜したかについて説明した。服役囚は豆などの缶詰を切り開いて金属片にし、それを折り曲げて蒸溜のための間に合わせのコイルにした。現在でも、カリフォルニアのいくつかの刑務

ラオスのサンハイ村の「ラオラオ」市場、2009 年。米で造ったこの密造酒にはよく、死んだヘビ、サソリ、クモなどが混ざっている。値段は水より安いことも多い。

所で服役囚は、果物、ケチャップ、ゼリー、シロップなど、甘い食べ物のかけらを集め、それを、盗んできたバケツ、詰まらせたトイレ、あるいは厚手の冷凍用ポリ袋のなかで醗酵させている。こうしてできた粗末なウォッシュは「プルノ」と呼ばれ、そのままの状態で売られるか、あるいは蒸溜してプルノ酒にしたものはもっと高い値で売られる。蒸溜は、盗んだ針金を禁制品の金属に取りつけ、それを電池か電源に接続して行なった。2013年のカリフォルニア州の新聞には、監房に隠してあったプルノを看守が没収したために、囚人たちの暴動が起こったという記事が載っている。元服役囚のマイケル・S・リンチは、蒸溜したプルノを含む多くの禁制品を刑務所内で密売していた。「ウォッカのような味がした。もうかる商売のひとつだったよ」。彼は記者にそう語った。

ブラジルでも、同じようなことが2002年に閉鎖されたサンパウロのカランジル刑務所で行なわれていた。囚人たちは砂糖、グアバ、オレンジ、パッションフルーツ、米を使って「クレイジー・メアリー」をつくった。元服役囚のひとりは、刑務所長室にあった噴水式水飲み器から盗んだ部品で蒸溜用のコイルをつくった、と話した。刑務所で用いられる荒っぽい製造方法は、問題がないわけではない。つまり、火事や爆発や病気の原因になる。2011年、アメリカのユタ州にある刑務所でプルノを飲んだ8人の服役囚が、ボツリヌス菌中毒になった。原因は麦芽に入れた腐ったジャガイモだった。

もし密造酒の歴史から何かわかることがあるとすれば、それは、人類の蒸溜酒を造ろうとする意志には限りがないということだろう。そして、密造酒の製造と消費を制御しようと考える社会にとって、それが大きな問題となっている。

第3章

密造酒と政治――宿命のライバル

酒に対する敵対的な政策が、その地域の歴史において重要な位置を占めてきた国をひとつ挙げるとすれば、それはロシアだろう。その流れは、１４７４年にイワン大帝がはじめてアルコール飲料に税を課したことから始まる。しかし、その後も違法なウォッカは消費され続けた。その後、イワン４世（雷帝）がアルコール飲料からさらなる歳入を引き出そうとし、１５５３年に個人経営の居酒屋を閉鎖した。そのため、強い酒を求める客たちは国営の「カバキ」と呼ばれるウォッカハウスへ行き、国の認可を受けた酒類を飲まなければばならなくなった。とはいえ、誰もがこの法に従ったわけではない。やがて、イワン4世の後継者であるフョードル1世がアルコールを飲むのは神に対する不敬な行為だと断じ、国営のウォッカハウスも廃止するが、非合法の酒類はその後も流通し続けた。それからの何世紀かは、政府のアルコール政策は行きつ戻りつし、強い酒類を好む大衆の賛同を得ることはほとんどなかった。

ロシア最後の皇帝となったニコラス2世は、1914年に禁酒法を制定した。これによってすでに離れつつあった人民の心はさらに離れていった。そして予想どおり、密造酒造りが盛んになる。それから3年後、共産主義者は皇帝を退位させ、アルコール飲料の製造を全面的に統制下においた。1922年にソビエト連邦の指導的地位についたヨシフ・スターリンは、蒸溜酒の製造はいずれ廃止するべきだという考えに至っていた。ロシア人はもはやアルコールを必要としなくなる、なぜなら共産主義の下で幸せな生活を送れるのだから、と彼は説いた。この若い書記長は、アルコールの消費は資本主義の強要と外国人の不健全な影響によってもたらされた社会悪なのだと考えた。その結果、密造酒製造者は悔悟《かいご》の念をもたない資本主義者で、国家の敵とみなされた。

多くのロシア人は新しい法律を受け入れなかった。逮捕や処刑の危険があるにもかかわらず、ロシアでの密造酒造りはさらに広まった。警察が非合法の蒸溜所を一掃しようとすればするほど、多くの蒸溜所が見つかった。ある推定によれば、1920年代半ばには少なくとも100万の蒸溜器が「サマゴン」（「自分で蒸溜する」の意）と呼ばれる密造酒を生み出していた。実のところ、スターリンは大量に酒を飲む人物だったため、すぐに自分の禁酒政策は愚かな幻想にすぎないと認識する。彼とその後継者たるソ連の指導者たちにとってアルコール政策は、国家の繁栄に役立てることが目的だった。酒類を飲むことは、それが歳入源になる政府製造のものであるかぎり許容される、という考え方は変わらなかった。70年間、ソ連政府は密造酒製造との戦いを繰り広げた。

ソ連の崩壊は1989年に始まった。同じ年、20億ポンド（約100万トン）以上の砂糖が密造酒になった。サマゴンの値段は国が製造する酒類のほぼ半分で、ロシア中でよく売れた。国民のおよそ20～30パーセントが密造酒を飲み、少なくとも10億リットルが消費された。ソ連政府が姿を消したあとも、密造酒がなくなることはなかった。現在に至るまで、ロシアは正真正銘の密造酒大国で、サマゴンと大小の製造者が手がける偽ブランドの両方が混在している。

対密造酒政策

密造酒政策はその目的のため、必ず敵対的な勢力をつくり出す。一方の側は政府で、アルコールの製造と消費を制限または禁止しようとする。もう一方の側にはアルコールを造り、飲もうとする個人がいる。すでに述べたように、政府がいくつかの種類の蒸溜酒を合法とし、そうすることで残りを暗に非合法としたときに、密造酒の歴史は始まった。ある日突然、ある蒸溜所で造られる酒は適正なもので、別の蒸溜所から流れ出る安酒は適正ではないとされた。ふたつの飲み物が化学成分的にはまったく同じかもしれないことなど、おかまいなしだった。多くの人がこれを「行政犯」(政府がそう定めたから悪とみなされる)の適用に当たるものとみなして憤慨した。

ソ連の共産主義思想に基づいた青臭い理論づけとは違って、ほとんどの国家はアルコール飲料を制限する政策を正当化する根拠を持つ。しかも、国民の多数の支持を得たうえでそうすることが多い。アルコールの乱用は社会を害するという政府の懸念を共有する人たちである。最低でも、アルコール飲料を消費する時間と場所を適切に制限することは、社会の基本的な秩序を維持し、健康と治安に関する危険を避けるためには必要とされる。言ってみれば、誰もが通りで一日24時間、自由に酒を飲み、酩酊状態で乗り物を運転したり重機を操作したりできるようなら、その社会は繁栄することはないだろう。

それでも、政府の政策は密造酒をうまく管理することには長く苦労してきた。多くの人々にとって、アルコールの製造と飲酒はごく日常的な行動で、したがって政府が口を出すことではないと考えているからだ。しかし、政府は驚くほど頻繁に、そうした人々の考えをほとんど考慮することなく、アルコール規制政策を定めている。古くから変わらないこの人々の態度は、「自分の畑の穀物から、自分の手で酒を造りを、自分の口に入れるのは、私の勝手である」という言葉で簡潔に表現できるかもしれない。この考え方は、習俗としての密造酒造りの長い伝統と、それを中心とした経済的側面から生まれたものだ。

古代の習俗としての密造酒造り

密造酒造りとその消費は、政府がそれを規制しようとし始めるはるか以前から行なわれていた。古代の密造酒造りは、農耕生活の一部として深く根づいていた。何よりもまず、密造酒は農産物である。果物や穀物や野菜を栽培する人たちの手元には、誰でも密造酒を造る原料が用意されている。だからこそ、農夫たちは1万年も前から穀物やブドウを醗酵させてビールやワインを造ってきた。その後、蒸溜の知識と技術が広まって、ビールやワインを蒸溜酒にできるようになった。

初期の農村では、あるいは現在でも地方の片田舎では、密造酒がほかの物資と同じように売買された。これは、地方と都市とのあいだで生産物の流通が困難なことも一因だった。輸送にかかる時間と、頼りない輸送ルートや冷蔵設備の欠如などの要因で、地方の住民はコミュニティ内でお互いから必要なものを買う傾向があった。蒸溜酒が欲しい住民は、それを蒸溜している隣人やコミュニティの仲間から手に入れたものだった。言ってみれば、蒸溜酒は地方の住民のあいだでの企業間取引を促進したことになる。密造酒製造者は金属細工師に金を払って蒸溜器をつくってもらい、桶屋には樽をつくってもらった。農夫は密造酒製造者に穀物を売り、密造酒製造者は農夫に使用済みの穀物を豚の飼料用に安い値で売り戻した。このように、かつては、地域によっては現在も、蒸溜酒はほかの品を購入したり、何かのサービスの支払いをするために一種の通貨として使われた。

現在は世界全体で、農場に住む人たちの人口はずっと少なくなった。それでも、密造酒

アースキン・ニコル、『寒さを忘れる1杯 A Nip Against the Cold』（1869 年）

に対する態度は昔と変わっていない。私がこの本のために取材したミナ（仮名）は、簡潔にこう言い表した。「私の祖父母はノースダコタとサウスダコタの農場に暮らし、密造酒を造っていました。それが法に反することなどまったく気にしていませんでした。それが彼らの仕事で、それで収入を得ていたのですから」。現在ミナは郊外に住み、会社勤めをしている。密造酒を造ってはいないし、蒸溜酒を飲むことすらない。それでも、考え方は祖父母と同じだ。「お酒を造ったからといって、いったい誰が気にするというの？　誰かを傷つけるわけではないのだから、何の問題があるっていうの？　お酒を造っていいかどうかをなぜわざわざ政府にたずねなければならないの？」

違法な蒸溜酒造りは移住者や遊牧民コミュニティのきわだった特徴でもある。たとえばモンゴル人は何世紀も前から「アルヒ」という蒸溜酒を造り続けてきた。乳製品にかたよった食生活同様、アルヒの醗酵のための材料はおもに馬の乳で、ときにはヤクや牛のこともある。それを醗酵させて「アイラグ」と呼ばれる馬乳酒に変え、それをさらに簡単な料理用レンジで蒸溜するが、方法はさまざまだ。アルヒは健康によいとしてモンゴル人に貴重視され、シャーマンによる儀式にも使われる。

密造酒はアルコール度数が高く、すばやく酔えるという本来的な魅力に加えて、人類の歴史のかなりの部分においてもうひとつの魅力で人々の関心を引いてきた。密造酒には治癒効果があると古くから考えられてきた。この種の酒類を表す初期のヨーロッパでの呼び名のひとつは「アクア・ヴィテ」で、「命の水」を意味する。密造酒にハーブなどを混ぜ合わせることで効果を増し、驚くほど多くの病気の治療に使われてきた。

ジョージ・スミスの『蒸溜大全 *The Compleat Distiller*』（１７２５年）は、非合法のアルコールを製造するためにイングランドで使われたレシピを集めているが、その多くには医薬的な効果があったとほめちぎっている。たとえば「アクア・ミラビリス」は「すばらしい水」という呼び名のとおりすばらしい飲み物で、脳卒中や神経のけいれんを予防する、と書いている。これは大麦を蒸溜して造るもので、セージ、ベトニー［シソ科の多年草］、黄花九輪桜《きばなのくりんざくら》の花［春によい香りの黄色い花が咲くサクラソウの一種］、ショウガ、ナッツ、クローヴ、カルダモンなどを組み合わせる。「病の水」という魅力的な名前をつけられた、別の大麦ベースの飲料については、スミスは「疝痛《せんつう》、腹痛、失神、消化不良などの最高の解毒剤になる」とすすめている。

いまとなっては驚くべきことに、多くの社会で、女性は出産のときに自家製のアルコール飲料を飲ませられていた。アイルランドのエドワード・ハリガンの人気の曲「ザ・レア・

オールド・マウンテン・デュー「The Rare Old Mountain Dew」（１８８２年）は、この万能薬としてのアルコール信仰を表現している。

アイルランドの緑から生まれた甘い密造酒
小麦とライ麦から蒸溜される
もう薬なんていらない、この酒がすべての病を治してくれる
クリスチャンだろうと、異教徒だろうと、ユダヤ教徒だろうと
コートを脱いで飲みほせばいい
バケツ一杯のマウンテン・デューを

実際に、20世紀に入ってからも長く、酒類商人はアルコールの治癒効果を売り込みに使っていた。アメリカ政府でさえ、アルコールを医薬品として使うことを承認した。１９２０年から１９３３年までの禁酒法時代には、医師たちは蒸溜酒を患者のための薬として処方することを認められ、薬局も病人（とのどを潤そうとする人たち）に蒸溜酒を販売していた。蒸溜酒が病気を治すという信仰の名残はいまも各地で見られる。中国や東南アジアの一

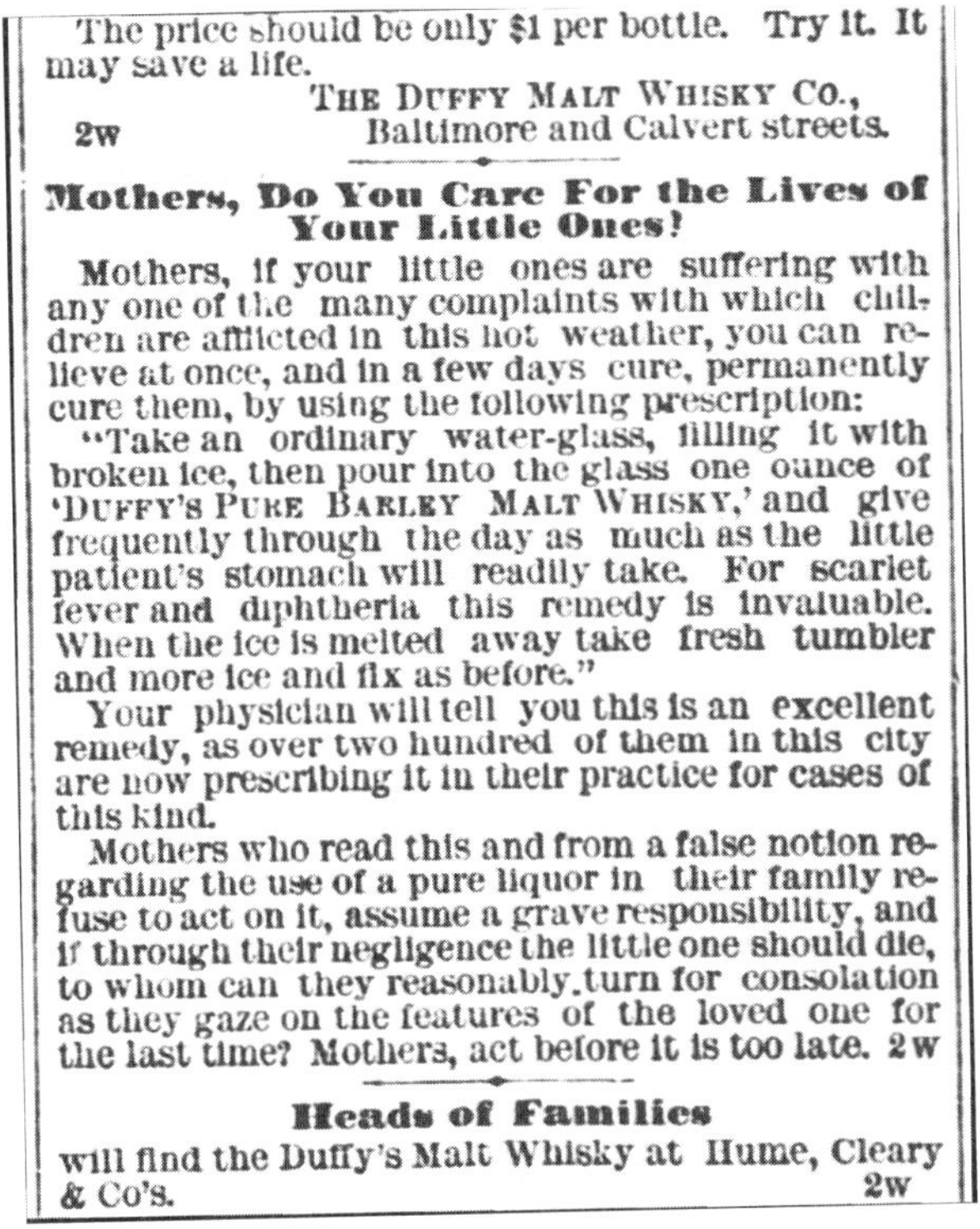
The price should be only $1 per bottle. Try it. It may save a life.

THE DUFFY MALT WHISKY CO.,
2w Baltimore and Calvert streets.

Mothers, Do You Care For the Lives of Your Little Ones?

Mothers, if your little ones are suffering with any one of the many complaints with which children are afflicted in this hot weather, you can relieve at once, and in a few days cure, permanently cure them, by using the following prescription:

"Take an ordinary water-glass, filling it with broken ice, then pour into the glass one ounce of 'DUFFY'S PURE BARLEY MALT WHISKY,' and give frequently through the day as much as the little patient's stomach will readily take. For scarlet fever and diphtheria this remedy is invaluable. When the ice is melted away take fresh tumbler and more ice and fix as before."

Your physician will tell you this is an excellent remedy, as over two hundred of them in this city are now prescribing it in their practice for cases of this kind.

Mothers who read this and from a false notion regarding the use of a pure liquor in their family refuse to act on it, assume a grave responsibility, and if through their negligence the little one should die, to whom can they reasonably turn for consolation as they gaze on the features of the loved one for the last time? Mothers, act before it is too late. 2w

Heads of Families

will find the Duffy's Malt Whisky at Hume, Cleary & Co's. 2w

アメリカの新聞で「ダフィ」のウイスキーが魔法の万能薬として宣伝されている。この1884年の宣伝記事は母親たちに、子どもにウイスキーを飲ませるようにすすめている。

部では、密造酒、薬草、動物の部位からつくられる治療薬が闇市場で取引されている。エクアドルのシャーマンは、サトウキビから造る「トラゴ」と呼ばれる密造酒を、病人やけが人の体に口で吹きかける（「カマイ」と呼ばれる儀式）。イギリスや北米では、ありとあらゆる市販薬が手に入るにもかかわらず、鼻風邪をひいた人たちはいまでもよく「ホットトディ」（通常はウイスキー、お湯、ハチミツ、レモン汁を混ぜたもの）を与えられる。むずかる幼児には歯ぐきにウイスキーをすり込んだりもするが、現在は医学的にすすめられることはない。

密造酒経済と蒸溜の意志

密造酒の取引とギャンブルを商売にしていたアメリカの大物ギャング、アル・カポネは、「私はただの実業家だ。人々が欲しがるものを与えているにすぎない」と言ったことで有名だ。彼は残忍な悪党だったが、この言葉は嘘ではない。人々は思い切り酔わせてくれるものには余分に金を支払ってもいいと思っている。そして、その味が気に入れば、あるい

悪名高いシカゴのギャング、アル・カポネ。密造酒の取引で暗躍した。1930年。

は特別に強く酔える酒であれば、もっと多く支払いさえする。このように、密造酒は商品として売買されるため、いやでも経済に影響を与えることになる。

農夫たちは農業規模の大小を問わず、古くから密造酒造りに興味を引かれてきた。その要因のひとつに、農産物の価格が供給量によってシーズンごとに大きく変わる可能性があることが挙げられる（この状況はいまも変わらない）。壊滅的な干ばつが小麦やナシの価格を急騰させるかもしれないし、大豊作は価格の暴落につながるかもしれない。後者の場合には、農夫たちの選択肢は限られている。収穫した農産品を売ってわずかな収入を得るか、蒸溜酒の原料にするかだ。

蒸溜酒は生の果物、野菜、穀物よりも高い値がつく。そして、蒸溜に使われる作物はその価値が保たれる。作物そのものは腐ってしまうが、できた蒸溜酒は何十年ももつからだ。さらに、何リットルかの酒を馬に乗せて、あるいは徒歩で運ぶほうが、原料であるリンゴや小麦を運ぶよりもずっと面倒が少ない。このような状況は21世紀になっても、多くの生産者に魅力的に映る。売れ残ったトウモロコシやモモがあれば、そのまま腐らせるか、醗酵と蒸溜で商品化して金に換えるかは、いまでも選ぶことができる。

もちろん、密造酒を造るのは農夫だけではない。てっとりばやく利益を得ようとする者なら誰でも、非合法の蒸溜酒造りに魅力を感じるだろう。経済的な参入の障壁はほとんどないに等しい。シンプルな密造酒を造るなら初期費用はわずかである。技術的にはつたない小型の蒸溜器であれば安く手に入る。あるいは、蒸溜器を組み立てる材料を拾い集めてくればまったく費用はかからない。砂糖などの醗酵に使う材料も、わずかな費用で買うことができる。

魅力はまだある。密造酒はよく売れるのだ。当然ながら、一般的な密造酒蒸溜所は、企業が所有する大規模な蒸溜所ほど効率的に製造することはできないうえ、品質もさほどよくない。それでも、最終的には経済的な違いはほとんど生まれない。

密造酒製造者は製品を信じられないほど安く売る。なぜそんなことができるかというと、認可された蒸溜所にとってコストの大半を占める出費のほとんどを省いているからだ。なかでも政府の監督機関によって押しつけられる高額の物品税を納めないことが大きい。この物品税が合法的に製造されるアルコール飲料の価格を大幅に引き上げている。業界団体の米国蒸溜酒協議会の報告によれば、蒸溜酒1本の小売価格には54パーセントの税金が上乗せされている。もし税金がなければ、1本20ドルの酒は10ドル以下の値段ということになる。税金の負担はほかの国ではもっと高い。スコッチウイスキー協会はウイスキー1本の小売価格の78パーセントが、イギリスの物品税とEUの付加価値税だと指摘している。したがって、10ポンドのウイスキー1本は、税金がなければたった2ポンド20ペンスで販売できるということだ。

さらには、密造酒製造者は環境への配慮やその他の規制に従うための諸経費も避けられる。これらすべてが意味するのは、貧困が密造酒造りの大きな誘因になるということである。社会の貧困層の一部は、自家製の非合法の酒類を製造し、消費することに強く引かれる。

あるアメリカ人女性が2012年にフロリダの新聞の記者にこう語った。「私の父が非合法のウイスキーを造っていたのは、そうしたかったからではありません。私たち7人の子どもを養うため、生活のために造らざるをえなかったのです」。読み書きのできない彼女の父親が造った密造酒は、20世紀半ばにフロリダ州全域で飲まれていた。家族全員が何らかの形でこの商売に関わっていた可能性がある。父親と息子たちは密造酒を製造し、おじたちはそれを運搬（密輸）する。女性たちも密輸の手伝いをしていたかもしれない。記者に体験を語った女性は、父親と一緒に車で密造酒を運んでいたときに、酒瓶1本を小さな毛布にくるんで抱きかかえていたことがある、と打ち明けた。その目的は、張り込みをしている警察官に、父親は非合法の酒をトランクに詰めて運んでいるのではなく、生まれ

オークションサイトのeBayに出品された上部が銅製の蒸溜器。容量は6ガロン（約22リットル）。2016年。

たばかりの赤ん坊を抱いた母親を乗せて運転していると思わせることだった。

そこから東に1万2000キロほど離れたウガンダでも、同じような密造酒経済が見られる。「ワラジ」と呼ばれる蒸溜酒を造る女性は『ヴァイス』誌の記者に、彼女が密造酒を造るのも同じ理由からだと説明した。つまり、金のためである。彼女は自分のたくさんの子どもたちに、自分が耐えてきた極貧状態とはまったく異なる明るい将来を与えようとしていた。そして、子どもたちを立派な学校に入れた。その授業料はバナナから造る密造酒の売り上げで支払った。この酒はなかなかよい値で売れるうえ、安く造ることができる。バナナに水と酵母を混ぜて醗酵させ、できた醗酵酒をドラム缶に入れ、森で拾ってきた材木を燃料にして蒸溜する。凝縮されて流れ出てくる蒸溜酒はいったん水さしに集められてから、酒飲みたちが持ち込む再利用の炭酸飲料のペットボトルかカップへ注がれた。

驚くことではないが、密造酒は貧しい人たちにもっともよく売れる。彼らにとって密造酒は安上がりに気分を高揚させてくれる飲み物だ。ケニアのもっとも荒廃した地域では、ペニー硬貨1枚か2枚あれば、アルコール度数の高い「チャンガー」(文字どおりの意味は「私をてっとりばやく殺して」)を1杯か2杯買える。アメリカでは、フィラデルフィアに怪しげなもぐり酒場(ニップジョイント)がある。家屋や廃工場などの地下にあることが多いこの薄暗い不法なバーでは、砂糖で造った密造酒が１ドルで飲める。世界中どこのスラムでも、密造酒を飲んで中毒になり、意識を失って倒れた人を見かけるだろう。

密造酒を造らせない政策

５００年にわたって、各国の政府は合法の蒸溜酒と非合法の蒸溜酒を分けようとしてきた。一般的にいえば、蒸溜酒の製造と消費が人々に浸透している社会では、政府がそれを厳しく取り締まろうとすればするほど、みごとに失敗することは歴史が証明している。そのうえ、政府が手頃な値段で安全な合法の酒類を減らそうとすれば、安くて危険な非合法の酒類の製造を刺激する。そうすることで結果として、政府は密造酒造りをあおり、政府の政策をあざ笑うかのような、ときには暴力的な抵抗につながる密造酒文化を助長している。

こうした流れを示すもっとも初期の例が見つかるのは、アイルランドだろう。アイルランドでの蒸溜酒造りは、１１００年頃にはすでに始まっていた可能性がある。中世には穀物やジャガイモを主原料にした、「アクア・ヴィテ」や「ウィシュケ・ベアハ」とも呼ばれた蒸溜酒があった。現在のウイスキーの祖先である。

イングランドによるアイルランド支配が16世紀から17世紀にかけて強まると、「ポチーン」と呼ばれるアイルランドの密造酒の製造を制御し、妨げようとする試みがなされた。当時、蒸溜酒を造ろうとする者は誰でも、たとえそれが個人で飲むためのものであっても、ライセンスを取得し、国王に税金を納めなければならなかった。この高圧的で実施不可能な政策は、密造酒造りを一種の民族主義的な抵抗の形へと変えた。認可を得て製造されるウイスキーは「議会のウイスキー」として軽んじられた。当局は金銭的報酬を提供することで密造酒造りを抑え込もうとした。たとえば、蒸溜器の部品を提出した者には現金が与えられた。しかし、この政策は裏目に出た。なぜなら、密造酒製造者は使い古した管ややかんを差し出して、報酬として得た金で新しい交換部品を買ったからだ。そのうえ政府の役人にとっては面倒なことに、密造酒製造者は人々に支持される有名人になっていった。アルコール政策が近代化され、以前よりは良識あるものになっていた1970年代に入ってもまだ、IRAのメンバーであるボビー・サンズ作詞の曲「マケルハットン」（歌ったのはクリスティ・ムーア）は、グレンラヴェル・グレンのポーチン製造者と、彼の造る医

1816 年のアイルランド議会での討論の様子を描いた漫画。ポチーンの製造をやめさせるために派遣されたイギリスの兵士が、ポチーン好きになって帰ってきたといわれる。

療効果のある酒を称えていた。

建国まもないころのアメリカ政府も密造酒については苦い教訓を得た。イギリスからの独立戦争のあいだの負債を返済するために、アメリカ政府は1791年に蒸溜酒への課税法を施行した。アレクサンダー・ハミルトン財務長官はこのような飲み物は課税すべき贅沢品だと考えた。食品や切手に課するよりは蒸溜酒に物品税を課すほうがいいだろうと判断したのだ。

しかし、まだ生まれたばかりの国の奥地に住む人々はそう考えなかった。ヨーロッパから入植した彼らは北アメリカの海岸に上陸してまもなく、蒸溜酒造りを始めていた。蒸溜酒を飲むことは、すでに辺境地域での生活の一部だった。あまったトウモロコシやほかの穀物で造る彼らのウイスキーは飲み物としても治療薬としても人気が高く、一種の通貨として機能した。製造者たちは彼らの製品を統制しようと試みる政府に抵抗し、ペンシルヴェニアに足を踏み入れた税徴収官を侮辱するため、上半身にタールを塗り羽毛をつけてさらし者にした。1794年には抵抗が暴動にまで発展し、ジョージ・ワシントン大統領はこのウイスキー暴動を鎮圧するために1万3000人の兵士を招集しなければならなかった。

1791年のアメリカのウイスキー暴動を描いた絵。タールを塗られた収税官が横棒に載せられている。1886年。

フレデリック・ケンメルマイヤー帰属、『ウイスキー反乱 The Whiskey Rebellion』（1794年頃）。アメリカの政府軍が反乱者を追っている場面。

秩序は回復したものの、酒類の課税への抵抗は国内のほとんどの地域で常態化した。それから10年もたたない1801年、抑圧的な政策への反対を掲げて選挙戦を戦ったトマス・ジェファソンと彼の共和党が政権を握り、法律を改正した。ジェファソンの指揮のもと、酒税はただちに廃止され、連邦政府はそれから60年間、恒久的な酒税を制定しようとはしなかった。

禁酒法

政府による酒類の規制としてもっとも厳しい禁酒法は、あらゆるアルコール政策のなかで最悪のものだ。これは一般常識に反した道徳的な幻想にすぎず、一般の人々のもつ、自由に酒を飲んで酔っぱらいたいという思いを完全に無視している。禁酒法支持者の政策は飲料を不必要に政治問題化することによって、大衆と政府のあいだの軋轢《あつれき》を生んだ。そうした政策の中心には、あからさまに飲酒を非難するような不快なメッセージがある。飲酒は悪いことだからやめなさい、というものだ。

アメリカ内国歳入庁のO・T・デイヴィス、J・D・マッケイド、ジョージ・ファウラー、そしてH・G・バウアー。それまで首都ワシントンに持ち込まれたなかでも最大の蒸留器と蒸留酒の瓶とともに。1922年。

禁酒法政策は多くの国で試されてきた。カナダ、イギリス、ロシア、アメリカなどは、そのほんの一部にすぎない。当然の結果として、禁酒法政策はアルコール飲料の消費を止めることに失敗する。政府によるこのような規制はつねに損失をもたらす。経済学者のジェフリー・マイロンとジェフリー・ツヴァイベルは、アメリカの禁酒法についての重要な論文「禁酒法時代のアルコール消費 Alcohol Consumption during Prohibition」(1991年)で、次のような調査結果を発表した。

アルコール消費は禁酒法の施行直後に急減し、禁酒法以前のおよそ30パーセントになった。しかし、次の数年で消費量は急増し、禁酒法以前のレベルの60〜70パーセントほどになった。禁酒法時代の後半には、消費量は実質的に法律制定直後と同じレベルに戻り、その後の10年で禁酒法以前のレベルにまで増加した。

飲酒量の数字がいったん落ち込んだあと、すぐに元に戻ったことは不思議ではない。年を重ねるごとに、より多くのアメリカ人が禁酒法の壁を乗り越える方法を見つけ出していったからだ。

酒類を禁止すること、あるいはほとんど誰も手が出せなくなるほど高い税金を課すことは、深刻な代償をもたらす。人々は経済学者が「代替財《だいたいざい》」と呼ぶものを求めるからである。ニコラス2世の政府がアルコール製造を厳しく制限したときには、一部のロシア人は、コロンや工業用アルコールや家具用つや出し剤のような有毒なアルコール製品を飲むようになった。酒類を禁止することで経済的な問題も持ち上がる。禁酒法政策は安全な蒸溜酒を製造する合法の企業すらつぶすので、従業員は職を失う。すると、これが犯罪組織をアルコール取引へと引き寄せる。密造酒製造者は認可を受けた飲料メーカーとは違って、税金を納めず、ときには日常的なビジネス慣行として暴力を用いるため、社会がこうむる総合的な損失はかなり大きくなる。

禁酒法政策は社会の格差を広げもする。デボラ・ブラムの『毒殺者のハンドブック *The Poisoner's Handbook*』（2010年）は、1920年代のニューヨークについてこのように書いている。

金回りのいいクラブ会員たち、ジャズとカクテルを愛する富裕層は、高品質で高価な酒類を市場で買うことができる。彼らの多くは定期的に酒の密輸業者をパーティーに招き、有毒な酒類を渡されないようにいくらか保険をかけている。しかし、貧しい者はひどい安酒しか買うことができない。アパート内にしつらえた蒸溜器で造った安物のウイスキー、バワリー通りのスモークカクテル、メタノールの原液などだ。市内でもとくに貧しい住民たちが、誰よりも、禁酒法の本当の代償を支払っていた。

富裕層が外国から密輸した蒸溜酒を飲み、高品質の酒が合法に供される「ブーズ・クルーズ」船で楽しんでいたのに対し、貧困層は手に入るものならどんなアルコール類でも飲んでいた。ブラムによれば、ニューヨーク市の監察医はいちばん低級の酒に「ガソリン、ベンジン、カドミウム、ヨウ素、亜鉛、水銀塩、ニコチン、エーテル、ホルムアルデヒド、クロロフォルム、ショウノウ、石炭酸、キニーネ、アセトンなど」が含まれているのを発見したという。

歴史がその間違いを証明してきたにもかかわらず、世界各地で相変わらず逆効果しかもたらさない禁酒法を制定し、それに執着している。インドのグジャラート州は１９５８年から禁酒法を実施している州で、当局はその状態をこのまま維持していくべきだと考えている。そして、禁酒政策が完全なる失敗であることはまったく気にしていない。ある住民

酒の密輸船の船倉で、非合法のスコッチウイスキーの山に埋もれるアメリカの沿岸警備隊員たち。1925年頃。

は『ヒンドゥー』紙に、「食べ物よりも酒のほうが簡単に手に入る」と語った。実際のところ、「テカ」と呼ばれる小さな商店は、非合法の酒類を売ることでかなり利益を上げている。商人のなかには携帯電話で注文を受け、家まで配達している者もいる。オートバイに乗った密売人《ブートレッガー》たちは禁酒法のない近隣のラジャスタン州やプラデシュ地方からグジャラート州にやってくる。密造酒はトラックで運ばれることもあり、表向きは牛乳のような合法の製品を載せているように見せている。驚いたことにインド南部のケララ州も、グジャラート州での失敗から学ぶことなく、2014年に禁酒法を段階的に導入し始めた。

　同様のアルコール政策はサウジアラビアにも存在する。イスラム教のワッハーブ派を公式な宗派とするこの国は、コーランを文字どおりに解釈する直解主義の立場をとる。そのためアルコール消費を極端に嫌い、不敬で許されない行為として扱っている。政府はアルコール類をただ所持しているというだけで、市民を刑務所に入れたりムチ打ちの刑に処したりする。しかし、宗教的指導者と政府の役人は、大衆のあいだに禁酒を受け入れる気持ちを広めることは苦労してきた。アラビア半島では古くからワインが飲まれてきたため、飲酒文化が浸透しているのだ。そして、サウジアラビア王室の何人かのメンバーが飲酒を楽しんでいるという話が広まり、それも大衆の恨みを買う材料になっている。

インドのケララ州で密造酒「トディ」を売る店舗。2012 年。

1990年代のほとんどをサウジアラビアで働いて過ごしたというアメリカ人のジャーヴィス（仮名）に話を聞いたところ、彼は政府の絶対主義的な宣言と、一般の人々の日常生活とがかけ離れていることにショックを受けたという。合法に入手できる蒸溜酒へのアクセスを否定された人々は、地元の店で買った果物のジュースと砂糖から、簡素なワインを造る。そのワインを入れた瓶にパン屋で買ってきた酵母を加え、瓶の口に風船を取りつける。こうすれば風船の膨らみ具合で、醗酵の度合いを確かめることができる。醗酵した甘いワインをその後、やかんに管をつけたものを使ってレンジの上で蒸溜する。こうしてできた蒸溜酒は、よく「サディキ」（わが友）と呼ばれる、とジャーヴィスが教えてくれた。「これを飲んで中毒症状を起こす人もいた。ガソリンや塗料用シンナーのような味がすることが多かったから、パーティーではセブンアップやジンジャーエールを混ぜて出していた」。こうしたパーティーでは、政府の考えでは酒など飲まないはずの男女、一緒にいるべきではない男女が、一緒になってひどく酔っぱらっている。

サウジアラビアでの密造酒事情を報告するのはジャーヴィスだけではない。スコットランド人のゴードン・マロックはサウジアラビアの首都リヤドで、酒類を売ってひと財産を築いた。彼は酒類の密輸入や製造を行なった。蒸溜器は自宅の偽の壁の奥に隠していたのだという。彼の密造酒がらみの冒険は６年間続き、それがあまりに興味深い体験だったため、ナショナルジオグラフィック製作のテレビ番組『外国で刑務所に入る――サウジアラビアの酒密輸業者 Banged Up Abroad: The Saudi Bootlegger』（２０１１年）にもなった。

密造酒を認めて政治と切り離す

現在ではほとんどの国の政府が――極端に宗教的な指導体制の国をのぞいて――密造酒を製造し消費する人たちを国家の敵として扱わないほうがうまくいくということに気づいている。そして、慎重を期した政策で密造酒を政治と切り離すことを目指し、「汝ら、なすべからず」のトーンを避けるようになってきた。

成功する密造酒政策とは、国民と政府の両方の利益になるように、専門家の知識をもとに考案されたものだ。それには政府がふたつの事実を認めることが条件となる。ひとつは、国民のかなりの割合がアルコール飲料を好んでいるということ。もうひとつは、酒瓶からは蒸溜の精霊が現れて望みをかなえてくれるということ――つまり、蒸溜の知識と技術は誰にでも手に入るものであるということである。現代においてはとくに、その気になれば誰でもインターネット検索で、すぐに蒸溜の仕組みについて学ぶことができる。

政府はこうした点を考慮に入れ、アルコール消費を禁止するのではなく管理、ウィン・ウィン［お互いに利益がある］の関係を目指すべきだろう。消費者は政府のライセンス発行制度と規制から恩恵を受けるようになる。それによって、正しいラベルが貼られた安全な酒類を手に入れられるからだ。政府は蒸溜業者に働きかけ、低額の負担でライセンスを取得し、工場と製品の監査を受け入れ、税金を納めるように促すことで恩恵を受けるようになるだろう。低めの税金を課しつつ、製品の価格を少しだけ押し上げることによって、国民のアルコール消費を抑えぎみにし、関連する行政コストにあてる資金を得ることもできる。税金はアルコール中毒で苦しむ人たちのための治療プログラムの資金にもなる。そうすれば社会への重荷を軽減するのに役立つ。とくに保健医療や救急サービスの利用の増加、社会福祉など、地方と国内経済への負担を減らすことができる。

こうした管理政策は、やがてはアルコール消費を密造酒から合法酒へとシフトさせ、闇市場を縮小し、不当利益を得ている不謹慎な参入者を締め出すことにもつながるはずだ。高級品として宣伝される合法のブランドの酒類を買うことは社会的名声につながるという考えが広まれば、上昇志向を持つ消費者は、あまり評判のよくない人々が売っている劣悪な密造酒を遠ざけ、合法ブランドを選ぼうという気持ちが高まるだろう。

ケニアが新たに取り入れた政策は、密造酒による被害を減らそうとする国家の試みの例として称賛に価する。２０１０年、政府は１９８０年制定のチャンガー禁酒法を大幅に改正した。自家製の蒸溜酒を禁じ、違反者には罰金を科していた法律である。この古い政策は明らかな失敗だった。ケニアで飲まれるアルコール飲料の約85パーセントは非合法のもので、しばしば人の命を奪ってきた。法律はミクロ経済学を考慮に入れていなかった。現実のケニア人の大部分は極端に貧しく、合法的に製造された蒸溜酒を買うことができない。そして、国内のすべての町村に税務調査官を配置することも不可能だった。

２０１０年の政府の新しい方策は、非常に賢いものだ。密造酒であったチャンガーはもう、恥ずべき災難のもととして扱われることはない。その代わりに、いまでは立派なケニア産の酒として認められている。２０１０年アルコール飲料取締法は、チャンガーを蒸溜酒の一種として合法化する代わりに、その製造に関していくつか最低限の基準を設けた。密造酒市場に食い込みたいと考える民間企業は、安全なチャンガーを製造するために登録し、検査に応じなければならない。また、新しいアルコール法は、ケニア国民に密造酒を避けるように促すメディアの育成資金も提供している。

政府がこれらの政策を実行するための権限と責任を持ち続けられるかどうかは、まだわからない。すでに国家が改革を妨げているかもしれない徴候が見られる。ここ何年かでアルコール飲料の税金が上がり、それが価格を押し上げ、安全な蒸溜酒が再び貧困層の手が届かないものになってきている。この点に関しては、ケニアはアメリカの例に従うのが賢明だろう。アメリカ連邦政府はこの50年間にたった2回しか蒸溜酒の酒税を上げていない。しかも微々たる増税だった。1世紀前、アメリカには危険な密造酒があふれていた。しかし現在、酒類市場はあらゆる価格の安全な酒類を提供している。密造酒はいまも存在するがめずらしいものになり、中毒になる人は少ない。

趣味として、あるいは少量の蒸溜酒を造っている個人に関しては、一定の範囲内でなら政府はそれを容認すべきだろう。ニュージーランドは個人所有の蒸溜施設に対する1962年の禁止法を廃止し、1996年に自家製の蒸溜酒造りを認めた。この政策の基本原則は、自分で飲むのであれば密造酒を造るのはかまわないが、販売目的で製造してはならないということである。これに反する者は厳しく罰せられる。ニュージーランドでは非合法の酒類に関する問題が少ないので、この方法はうまく機能しているのではないかと思われる。

　蒸溜のプロセスは危険である。爆発、火災、不注意による中毒といった命にかかわる危険を最小限にすることが優先されなければならない。自宅での缶詰作業や食品保存に関しては各国政府が安全の指針を提供している。蒸溜も同じ手法を用いるとよいだろう。蒸溜酒を造って飲もうという人々の意志は決して消え去ることはない。よって、それを賢く管理することが唯一の現実的な選択肢といえる。

第４章
密造酒の大衆化

１９８５年のクリスマスの翌日、ロナルド・レーガン大統領は有罪判決を受けたひとりの重罪犯に恩赦を与えた。その男が有罪であることは疑いようのない事実だった。彼は、精神に悪影響を及ぼす違法なものを販売目的で製造しているところを現行犯で捕まったのだから。父親のする作業の手伝いではあったが、自らの意志でしたことだった。それも熱心に。彼の父親も同じ罪で何度か投獄されていた。

恩赦は世間を驚かせた。レーガン大統領は法と秩序に関して、長く保守的な立場をとっていたからだ。1981年に大統領職につく前は、カリフォルニアの州知事を2期務めていた。その地位は1966年に州内の公立大学を悩ませていた暴力を終わらせることを公言して出馬し、勝ち取ったものだ。大統領になってからはあらゆる犯罪に厳しい態度をとり、妻のナンシー夫人も薬物に関して「ただノーと言おう（Just say No）」と子どもたちに教えていた。大勢のマリファナ喫煙者やコカイン使用者がレーガン大統領の1期目の任期中に投獄された。アメリカは圧倒的な2期目の勝利という形でレーガンの努力に報いた。

そうだというのに、10年に及ぶ犯罪と麻薬との戦いの途中で、レーガンがこの男に恩赦を与えたのはなぜだったのだろう？　理由はどうあれ、レーガンのとった行動は政治家として優れていた。

この悪人の名前はジュニア・ジョンソン。1956年と1957年に密造酒製造の罪で収監された。その後、密造酒の運び屋として磨いた運転スキルを生かし、数々の自動車レースのチャンピオンになった。彼はナスカー［全米自動車競走協会］のレースのパイオニアで、このレースの設立メンバーには多くの密造酒製造者が含まれていた。作家のトム・ウルフは1965年の『エスクァイア』誌の記事で、ジョンソン人気が花開く様子を色鮮やかに描き、彼を「アメリカ最後のヒーロー（the last American hero）」と表現した。

１９７３年にはジョンソンをモデルにしたウルフ原作の映画『ラスト・アメリカン・ヒーロー』が、ジェフ・ブリッジスの主演で公開された。この映画によってジョンソンの名は、ナスカーのレースがとくに人気だったノースカロライナやアメリカ南部にとどまらず、広く知られるようになった。レーガン大統領は当時、売れっ子のスターを赦免していた。ジュニア・ジョンソンの大勢のファンたちは彼の密造酒製造を称賛すべきビジネスではないにしても、たいした犯罪ではないと考えていた。結局、麻薬と比べれば蒸溜酒などたいしたことはないということだ。

地域の習慣から大衆化現象へ

密造酒造りは地域の日常の風景として始まった。たいていは住民にも受け入れられ、政治とはほとんど無関係だった。その土地の文化によっては密造酒を、ごく普通の農産品と見ているところもあれば、科学的、宗教的な敬意を込めて見ているところもある。イギリス諸島、スペイン、ドイツの中世の修道士は錬金術の研究の一環として蒸溜酒を造っていた。これは科学的な実験であるとともに、宗教的な探究でもあった。蒸溜は日常生活で用いる身近なものから純粋な物質を分離する方法として採用された技術のひとつだった。紫色をした粘性のあるワインを、より純粋で水のように透明感のあるブランデーに蒸溜することは、ブドウやワインの精神を解放することだった。こうした純粋な物質はしばしば、魔術的あるいは医薬的な性質を持つと思われていた。

それでは、密造酒はどのようにして地域のものから全国的な現象に変わったのだろう?明らかな要因がふたつある。政府の政策と、マスメディアである。

政府と宗教的権威が少なくとも2000年ものあいだ、飲酒に関するルールを定めてきた。やがて、誰が酒類を製造できて、誰ができないかにまで口を出すようになり、状況は変化した。1400年代のヨーロッパ各国の政府は、歳入を増やすために酒類取り扱いのライセンスを発行して独占を認め、同時に税をかけた。そうした政策は密造酒の文化を様変わりさせた。純粋に地域内の事柄であったものが、全国的な現象になったのである。どういうことかというと、自宅のキッチンで造り自分で飲んでいた酒が突然、遠く離れた地の政府の承認が必要なものになったのだ。大衆の反発と抵抗が続いたのも不思議ではない。

政策への反発によって自分たちの正当性が脅かされるとみた政府は、断固たる姿勢で臨んだ。違反する者たちへの罰則を厳しくし、強制力を増した。しかしそれが人々の抵抗をますます強める結果になった。非合法の蒸溜酒は地域の人々にとって抵抗の象徴になり、誇りにもなった。彼らは詩や歌で密造酒をあがめた。やがて、この蒸溜酒造りの論争に宗教が介入することで、権力闘争のほかに善と悪の戦いという道徳的側面が加わった。密造酒反対派は自分たちが社会の道徳と秩序を守っているとうぬぼれた。相対する密造酒支持派は、反対派を場をしらけさせる頑固者とみなし、この件に口を出すべきではないと考えた。

当然のことながら、メディアは対決を好む。ごく早い段階からメディアは、密造酒とそれに敵対的な政策が格好のネタになると考えた。密造酒製造者の多彩なキャラクター――善人も悪人もいる――と、彼らの不正行為に対する、しばしば的外れな政府の対応は注目を集める記事になった。密造酒業者たちのあくどく無慈悲な商売の仕方も同じだった。ジャーナリストや小説家をはじめとするメディアの人間にとっては、対立が大きくなればなるほど都合がよかった。

まとめると、密造酒は次のようなプロセスで地域の現象から大衆文化へと変わっていった。まず、政府が密造酒政策を実行することで、密造酒は全国的な関心事になる。するとメディアがこの注目の話題を大衆に伝え、映像や談話を通して人々の記憶に刻み込む。突然、それまではほとんど考えもしなかったことに誰もが意見を持つようになり、政治論争の前線が全国のあちこちで形成される。対立が長引くほど、メディアが大衆に提供するコンテンツに放り込む材料が増える。

政府とメディアと政治というこの基本の関係がどのように密造酒文化を動かしているかは国によってさまざまで、明らかに本書で扱う範囲を超えている。とはいえ、アメリカで密造酒がどのように大衆文化に発展したのかは、とくに興味深い。この問題は国を二分するほどの大きな対立を引き起こした。多くの血も流された。問題が噴出したのは、ラジオと映画という新しいメディアの時代の幕開けの頃だった。密造酒はアメリカでは二度にわたって大衆化する。奇しくも、そのどちらも、世紀が転換するときに起こった。

禁酒法——密造酒の魅力を生み出す

アメリカでは19世紀後半に入ってアルコールの評判が落ち始めた。人々は酒を飲みすぎ、大規模な蒸溜業者は連邦議員にわいろを渡して捕まり、蒸溜酒は厚かましくも万能薬として売り込まれていたからだ。その結果、医者、先住民文化保護主義者、キリスト教原理主義者、酒飲みにより虐げられた女性たち、金もうけに執着した大企業主という奇妙な面々のあいだで連携が生まれ、これらすべての人々がアルコールとの戦いに参加した。彼らは地元の役人にアルコールの製造と販売を規制するよう働きかけ、学校では反アルコールのカリキュラムが導入され、国中に飲酒がいかに不道徳であるかを記したパンフレットや文献があふれた。とくに蒸溜酒はアルコール度数が高いという理由で、この集団が忌み嫌うものとなり、そのなかでもとりわけ違法に造られた密造酒は彼らの反感を買った。

この反アルコールの政治的圧力の高まりは、ふたつの新しいメディアの出現と時期が一致していた。ラジオと映画である。新しいメディアは密造酒が観客や聴取者の心をとらえて離さない話題になることにすぐに気づいた。

初期の映画は密造酒造りを、農村に見られるとくに誇らしいものではない習慣として描いた。たとえば、『ムーンシャイン・アンド・ラブ Moonshine and Love』（１９１０年）では、田舎にやってきた教師が、たまたま密造酒を造っている乱暴な山男たちの蒸溜所に足を踏み入れてしまい監禁されるが、彼らの娘の助けを得て逃げ出すことに成功する。『テネシー・ラブストーリー A Tennessee Love Story』（１９１１年）はシェイクスピアの『ロミオとジュリエット』の現代版で、舞台をテネシー州に変え、密造酒を造り、攻撃的ですぐに銃を撃ちまくる農夫たちが、モンタギュー家とキャピュレット家として描かれる。『レッド・マーガレット、ムーンシャイナー Red Margaret, Moonshiner』（１９１３年）は、長い年月のあいだにフィルムが失われてしまったが、のちに時代のスターになるポーリン・ブッシュとロン・チェイニーが出演したサイレント映画である。彼らはその翌年、やはり密造酒農園を舞台にした『アンローフル・トレード The Unlawful Trade』（１９１４年）にも出演した。

映画製作者たちはお金を払って映画を観てくれる反アルコール派の観客のために、喜んで道徳的な物語をつくり出した。『月光の道』（１９１９年）は非合法の密造酒を題材にしたホラー映画で、じつにひどいアルコール依存症のエピソードが次々と繰り出される。若い田舎娘のシンシアには密造酒を造っている父親とふたりの兄弟がいるが、蒸溜所を操業していることが連邦捜査官に見つかり、３人は殺される。シンシアは母親とともにニューヨークへ向かい、そこで飲酒の問題を抱えつつある株式仲買人と恋に落ちる。さらに、蒸溜酒に目がない子守りが不注意で子どもに酒を飲ませたり、人々が酒酔い運転で死んで

THE CRYSTAL

BIG PROGRAM TONIGHT
Miss Pauline Bush in
"Red Margaret Moonshiner"
Two Parts—A Strong Drama by the Gold Seal Film Company
SEE
"The Soul of the South"
Tonight
Big Kay-Bee Two-Reel Feature in Two Parts
SEE
"How Freckles Won His Bride"
With Harry Pollard and Edna Maison—Adventure No. 1 of the Great Freckles Series
SEE
"His Sister's Kids"
With Roscoe Arbuckle, Ford Sterling and Dot Farley
One of Those Funny Keystone Comedies

SPECIAL FOR MONDAY ALL DAY
"Over the Cliffs"
Three Parts—Big American-Eclair Feature
"The Shriner's Daughter"
Big Masonic Two-Reel Feature, showing the Bands and Patrols of San Diego, Los Angeles, San Francisco and Oakland. This is a Special Fete of the Shrine Concert Tour of California
SEE
"A Bad Game"
A Funny Keystone Comedy, with Dot Farley and Ford Sterling

COMING TUESDAY
"Zuzu, the Band Leader"
A Real Keystone Feature in Two Parts, with Ford Sterling and Mabel Norman in the Leading Roles. This is the First of the Big Keystone Features
COMING WEDNESDAY
Mutual Weekly, containing a full account of the Texas Flood Pictures and of the conditions in and around Bryan, taken by the local Photographer, Mr. Smith

サイレント映画『レッド・マーガレット、ムーンシャイナー Red Margaret Moonshiner』の新聞広告。1914 年。

エドワード・リア作『フクロウと子猫 *Mr.Owl and Mrs. Pussycat*』のこの削除版では、プッシーキャット夫人が酒を飲んだあと病気になる。

いったりするエピソードまで登場する。シンシアはこのすべてをかいくぐり、恋した男と結婚する――ただし彼が禁酒をしたあとで。『密造人の娘 The Bootlegger's Daughter』（1922年）の筋書きには、罪滅ぼしの要素が含まれる。酒類の密売人の娘であるネル・ブラッドリーがひとりの牧師によって堕落から救われ、最後にはその牧師と結婚する。『ムーンシャイン・ヴァレー Moonshine Valley』（1922年）では、主人公のネッドが妻をほかの男に奪われ、酒におぼれる。彼は妻と一緒に逃げた相手の悪人を殺してしまうが、ある日、森のなかでナンシーという孤児を見つけ、生活を一変させる。

1920年に禁酒法が施行されたあと、大衆文化で描かれる密造酒物語は、その大部分が消費されていた都会へと舞台を移すようになった。都会では合法的に酒類を売っていた店や業者が政府によって廃業に追い込まれ、アメリカの飲酒文化は様変わりした。男たちが騒がしい合法の酒場で大っぴらにビールをあおり、女たちが家でちびちび飲んでいた風景に代わって、男女が人目につかない秘密のクラブで一緒に酒を飲む様が見られるようになった。イギリス人ジャーナリストのスティーヴン・グレアムは『ニューヨークの夜』（1927年）で、禁酒法時代のニューヨークのみだらで秘密めいた自由奔放な文化の魅力を綴《つづ》っている。

一杯飲みに行くたびに、それが冒険になる。密売人の洞窟に入っていく海賊か悪役の気分で、それがワクワク感を増すのだろう。鍵とチェーンがかかったドアへ向かう。木製の壁に開いたのぞき穴の向こうに誰かの目が現れ、こちらを品定めする。なかに入るには一連の手続きがある。はじめて訪れるときには、誰かがあなたのスポンサーにならなければならない。帳面に名前を書き、数字だけが書かれた謎めいたカードを受け取る。

この厳しいチェックを通り抜けると、驚くような光景が待ち構えている。

夢見心地のアメリカ人カップルが部屋の隅で愛撫し合っていた。おしゃべりなロシア人が酒を飲みながらうわさ話をしていた。田舎臭い農作業服を着た若い男はコンサーティーナ［アコーディオン式の蛇腹のある楽器］をひきながら、ジャズとフォークソングを混ぜたような曲を演奏していた。薄暗いフロアでは、バーレスクの衣装の紳士が頭にウイスキーのグラスをのせて前へ後ろへと飛び跳ねていた。

ある夜、グレアムのデート相手が質の悪い酒を飲んで気分が悪くなった。

彼女の顔は真っ青になり、ふるえていた。ブラックコーヒーを頼んだが、口をつけないままだ……私の大事な友人は、ほぼ丸一日、中毒になったかのような状態で、朝食も食べず、仕事にも行かなかった。これが禁酒法時代のもぐり酒場《スピークイージー》の危険をよく表している。ここでは、ひそひそ声で話し、ひどい死に方をする！

人によって高揚感を与えたり、怒りの感情を引き起こしたりした禁酒法は、アメリカの女性たちを、わずかながら解放した。彼女らは地下のクラブで違法な蒸溜酒を飲むだけでなく、当時の新聞記事によると、密造酒の製造や運搬にも関わっていたという。ベル・リヴィングストンという女性は「58丁目カントリークラブ」を経営していた。これはマンハッタンのもぐり酒場で、シャンパンを提供し、ミニチュアゴルフコースを備えていた。マリー・ワイト（「スパニッシュ・マリー」とも呼ばれた）は、ラム酒の密売人で、ピストルを携帯し、国境を越えてキューバのハバナからフロリダまで、酒に飢えた顧客のために蒸溜酒を密輸

ガーターにはさんだフラスコ瓶を見せる、ダンサーのマドモアゼル・レア。1926 年頃。

した。

　この時代には、禁酒法によって出現したもぐり酒場を通して華美な上流階級の生活を描く映画が数多く製作された。たとえば、『チャップリンのゴルフ狂時代』（１９２１年）、『青春に浴して』（１９２３年）、『シカゴ』（１９２７年）、『踊る娘達』（１９２８年）、『ベア・ニーズ Bare Knees』（１９２８年）などがある。これらの映画には妖婦や「フラッパー」と呼ばれた新しい時代を象徴する女性たちが大勢登場し、ボブの髪型で気取り、新奇なスラングを使い、ジャズに合わせて踊った。女性たちは髪をきれいに整えた男たちと一緒にたばこを吸い、酒を飲み、法律にも道徳を説く者たちにも喜んで反抗的な態度をとった。

　密造酒の肯定的な影響のひとつは、カクテルの発達を促したことだ。多くの国、とくにアメリカでの禁酒法の施行は、愛飲家たちをビールやワインから蒸溜酒へと向かわせた。もぐり酒場や非合法のクラブで売られる酒類は、しばしば質の悪いものだった。そこでバーテンダーは客を機嫌よくさせておくために新しいレシピを考案し、不快な味がすることの多い蒸溜酒に果汁やスパイスを加えて風味をよくしていた。ポール・ディクソンが『禁制品のカクテル――アメリカ人は禁酒法時代にも酒を飲んでいた *Contraband Cocktails: How America Drank When It Wasn't Supposed To*』（２０１５年）で書くところによれば、１９２０

アメリカ財務省の化学者Ｇ・Ｆ・ベイヤーが汚染された蒸溜酒を手にポーズをとっている。1920 年。

年代にベネット、ビーズ・ニーズ、ジン・フィズ、サウスサイド、フレンチ75などの自家製ジンカクテルが生み出された。コニャックベースのコープス・リバイバー、無声映画スターの名にちなんだメアリー・ピックフォードというラムベースのカクテルも登場した。

共感を得られなくなった密造酒

ニューヨークの「コットンクラブ」でカクテルを存分に飲み、夜明けまで踊り明かす——密造酒はシックで華やかな都会の風景とともにあった。しかしその実、気楽に楽しめるもぐり酒場はどこも、裏ではたちの悪い犯罪組織がアルコールの製造、運搬、提供を取り仕切っていた。1927年、ジェームズ・G・ヤングが『ニューヨーク・タイムズ』紙の記事で、密造酒の売人たちの正体を暴き、この商売の薄汚さを大衆に知らしめた。彼らは純度の高い自家製の蒸溜酒を売る愛想のよい田舎の少年などではなかった。「鋭い顔つき」と「横柄な態度」で相手を威嚇し、いかにも「無法者の風貌」をしていた。酒類の大物投機家として知られたレッド・バニオンは、「すぐに銃をぶっ放すという評判」だった。

彼が動かしていたのは悪質な犯罪組織で、年間４０００万ドル相当の非合法の酒類を密売していた。

ギャングたちは顧客を満足させることにそれほど関心を持たない。そうした態度がやがては深刻な出来事を引き起こすだろうことは間違いなかった。彼らはもう、人々が望むものを与えるだけの企業として見られることはなくなった。その本性は明らかだった。利益を求め、それをかき集めるためなら何でもする組織である。

密造酒ともぐり酒場には、いかがわしい薬物、売春、用心棒代の取り立てがつきものだった。密造酒産業の中心人物たち――アル・〝スカーフェイス〟・カポネ、フランク・コステロ、マックス・〝ブー・ブー〟・ホフ、マイヤー・ランスキー、バグズ・モラン、バグジー・シーゲルら――はとくに悪名高かった。ときに彼らの競争は文字どおり「のどを掻き切る」ほど物騒なものだった。当時のメディアは、走行中の車からの銃撃、拷問、殴る蹴るの暴行がギャングたちの常套手段だと報じた。

数々の事件のなかでもとくに大きなニュースになったのは、１９２９年の「聖ヴァレンタインデーの虐殺」だ。これはカポネが起こしたもので、彼の密造酒を盗んだライバルのギャングへの復讐として大虐殺を繰り広げ、国中を震撼させた。事件の詳細はこうだ。警官を装ったカポネの部下が、バグズ・モランの手下たちが密造酒を造っていたシカゴの倉庫に入っていく。警察の手入れだと思い込んだモランの手下たちは、観念して素直に従った。すると、カポネの手下たちは銃を取り出し、150発の弾丸を彼らに浴びせかけた。すぐにこの実話をもとにした映画が生まれ、『ジェームズ・キャグニーの民衆の敵』（1931年）と『暗黒街の顔役』（1932年）は、ギャングの残忍さを大勢の観客に知らしめた。

それでも足りないかのように、作家のシンクレア・ルイスはノーベル賞受賞作の『バビット』（1922年）で、俗悪な中産階級と密造酒業界における人種差別的な側面を描いた。この小説の主人公ジョージ・バビットをはじめとする郊外に住む白人は、酒を手に入れるために町の貧しい地域に出入りすることにスリルを感じていた。それと同時にバビットは、禁酒法の精神はすばらしいと言ってはばからない。社会の底辺の人々が飲酒によって粗暴になったり堕落したりするのを救っているからという理由だ。バビットのお高くとまった偽善的な態度は、酒に酔っておどけ、手に負えなくなることでさらに強調される。

大衆は禁酒法を憎んだが、もはや非合法の蒸溜酒とそれを扱う悪人たちに共感してはいなかった。次に彼らのヒーローになったのは公正な法執行者。その紛れもない代表がエリオット・ネスだった。財務省の酒類取締局の捜査員だったネスは、１９３０年代のシカゴで酒の密造や密輸と戦った。ネスの捜査チームは「アンタッチャブル」と呼ばれた。ほかの多くの公僕たちとは違い、彼らはわいろを受け取らなかった。「風の街」シカゴでの酒の密売を見て見ぬふりなどせず、容赦なく敵を追い詰めた。大のマスコミ好きだったネスは、手入れのときにメディアを同行させ、押収した禁制品の蒸溜酒の写真を撮らせた。この広報効果は絶大で、大衆を熱中させた。

ネス個人も民衆の英雄になり、その武勇伝は本人より長く生き残った。ネスは１９５７年に死亡、同じ年に彼の自画自賛的な自伝『アンタッチャブル』（１９５７年）が出版された。死後になってから彼の犯罪組織との戦いを描いた作品には、連続テレビドラマ『アンタッチャブル』（１９５９〜１９６２年）、連載コミックの『アンタッチャブル』、ケヴィン・コスナーがネスを演じた映画『アンタッチャブル』（１９８７年）、ビデオゲーム「アンタッチャブル」（１９８９年）、テレビ映画の『アンタッチャブル・リターンズ』（１９９１年）がある。最近では、連邦下院議員たちが連邦アルコール・たばこ・火器爆発物取締局（ＡＴＦ）本部の名称をエリオット・ネスの名に改称することを提案した（ネスが大酒飲みで、彼の倫理観は疑わしいものだったことは度外視された）。

禁酒法施行から13年後、アメリカ政府はようやくこの政策の間違いに気づき、禁酒法を廃止した。1933年に合法の蒸溜酒が表社会に戻ってきた。それから時は流れ、密造酒とその不道徳な楽しみの魅力は人々の記憶からどんどん薄れていったが、ギャング映画は違法な酒類を忘れず、クールなものとして描き続けた。

密造酒の人気、再び

予想外のことながら、密造酒に再びスポットライトが当たるときが訪れた。だが、今度はそれに政府はまったく関与していない。今回はメディアが後押しをした。

密造酒復活の始まりは、テレビで『死の驀走《ばくそう》』が放映された1958年と考えていいだろう。このテレビ映画では、密造酒製造者を生活のためにまじめに働く気のいい住民として描き、あくどい犯罪組織とは区別している。ロバート・ミッチャム演じる主人公のルーカス・ドゥーリンは朝鮮戦争の退役軍人で、家族で密造酒ビジネスをし、そのことで一家は財務省の捜査官とシカゴのギャングたちの両方から嫌がらせを受けていた。ナレーショ

シカゴの密造酒取引を支配するため、アル・カポネ率いるギャング団は 1929 年２月14日にバグズ・モランの手下を殺害した。

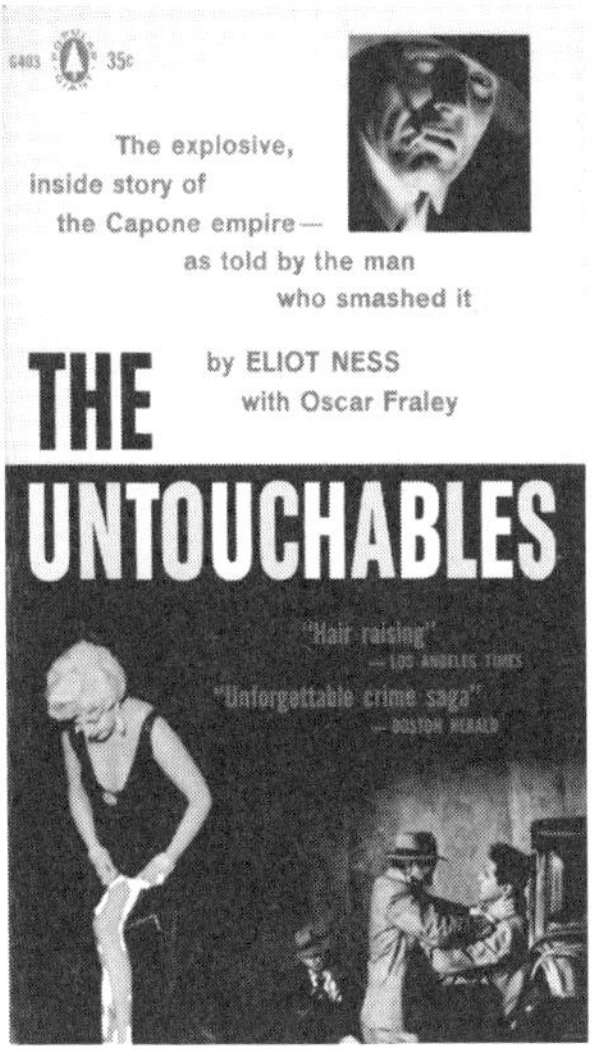

酒類取締局捜査官エリオット・ネスは、自伝『アンタッチャブル』で大衆文化のヒーローになった。左はアメリカで刊行された 1960 年版の表紙。

ンで「ワイルドで怖いもの知らずの男」と説明されるドゥーリンは、フォードの改造車でケンタッキーとテネシーの山中をロケット弾のように爆走する。この映画はドライブインシアターで長期にわたって人気を保ち、改造車とそれが約束する自由に心奪われるアメリカの若者たちに愛された。

前述したトム・ウルフの1965年のジュニア・ジョンソンについての記事や、エルモア・レナードの1969年の小説『ムーンシャイン・ウォー』〔北澤和彦訳。扶桑社。1991年〕も、密造酒業者を正直な市民とはいわないまでも、共感できる人物として描いている。どちらも大手映画会社で映画化された。レナードの小説を原作とする映画は1970年に公開され、ウルフ原作の映画は1973年に公開された。その後も立て続けに密造酒をテーマにした映画が製作され、『白熱』(1973年)、『ゲイター』(1976年)、『深夜の爆走野郎』(1975年)、『ランナウェイ』(1977年)などがある。

この種の映画を見わたしてみると、密造酒製造者と密売人は、猛スピードで車を運転し、自由を愛し、悪知恵を働かせて当局の追及を逃れる男たちとして描かれている。『白熱』と『ゲイター』は主演のバート・レイノルズを、腐敗した役人に追われる愛すべき悪党として描く。レナードの『ムーンシャイン・ウォー』を原作とした『暗黒街の特使』も、密造酒製造者を同じように描いている。主人公は家族が造った大量の蒸溜酒を搾取しようとする政府の役人から守るため奮闘する。

テレビでは連続ドラマ『爆発！デューク』が１９７９年から１９８５年まで全米で放映された。これは映画『深夜の爆走野郎』のスピンオフドラマで、「お人よしの若者たち」が愚かな保安官と大口をたたく金持ちの政治家を出し抜くという話で、若者の支持を集めた。この番組の主題歌はカントリーミュージックの全米チャートで1位に上りつめた。『爆発！デューク』は大人気となり、イギリス、コロンビア、イタリア、ニュージーランドなどの外国でも放映された。

レーガン大統領によるジュニア・ジョンソンの恩赦がほのめかすように、密造酒はほかの一時的な流行のようにすぐにすたれはしなかった。それどころか、二度目のブームは40年以上にわたって続いている。アメリカのメディアが発信する密造酒についてのストーリーは増え続け、２００４年からは急増した。インターネットのニュースコンテンツが爆発的に増えたこともその背景にある。

近年でも密造酒についての新しい映画やテレビ番組の製作が続いている。２００８年のドキュメンタリー『最後のひとり The Last One』は、伝説の密造酒製造者マーヴィン・

〝ポップコーン〟サットンの名前を有名にした。サットンは悪態をつき、ジグ［イギリスやアイルランドの民族的な踊り］を踊り、オーバーオール姿とアンティークのトラックと森のなかに隠した蒸溜器で、視聴者を楽しませた。悔いることを知らない反逆者のサットンは２００９年に、密造酒製造で刑務所に入るよりは自殺することを選んだ。彼の墓石には「ポップコーンは言った。くそったれ」と刻まれている。

映画『欲望のバージニア』と『ザ・マスター』は、どちらも２０１２年に公開され、密造酒製造をありのままに描いている。『欲望のバージニア』はマット・ボンデュラントによる２００８年の小説［公庄さつき訳。集英社。２０１３年］を原作としている。禁酒法時代後期のヴァージニア州を舞台に、主人公の密造酒製造者をシャイア・ラブーフが演じる。彼の住む町では殺人や拷問など悪質な犯罪が多発する。『ザ・マスター』では、ホアキン・フェニックスが第二次世界大戦の退役軍人で酒癖の悪いフレディ・クエルを演じる。クエルは塗料用シンナー（アセトンまたは石油スピリット）から有毒な密造酒を造り、やがてカルト集団に参加する。そのリーダー（フィリップ・シーモア・ホフマン）はその密造酒がやみつきになる。

『華麗なるギャツビー』は２０１３年に映画のスクリーンに戻ってきた。原作はアメリカ文学を代表するスコット・フィッツジェラルドの小説で、刊行は1925年。それからまもなく、舞台映画（ほとんど客が入らなかった）とサイレント映画になった。ロバート・レッドフォードが主演した1974年版の映画は、1920年代の富裕層の豪勢な生活を描いた。2013年版はレオナルド・ディカプリオが自力で成功したアメリカ人富豪ジェイ・ギャツビーを演じる。彼の莫大な富は酒類の密輸から得たもので、ロング・アイランドの豪邸で夜な夜な豪華なパーティーを開く。豪華さという意味ではHBOテレビの連続ドラマ『ボードウォーク・エンパイア 欲望の街』（2010～2014年）もある。禁酒法時代のアトランティック・シティのフラッパーたちの、陽気で華やかなシーンは観る者の目を楽しませる。このドラマが中心的に描くのは、腐敗したニュージャージー州の政治家イーノック・〝ナッキー〟・トンプソン（スティーヴ・ブシェミ）が仕切る密造酒のシンジケートだ。銃撃シーンが多く、密造酒製造と販売をめぐるギャングの抗争の激しさが伝わってくる。ギャングの悪事といえば、ダニエル・オクレントの著作『最終案内 禁酒法の盛衰 *Last Call: the Rise and Fall of Prohibition*』（2010年）をベースにしたテレビ・ドキュメンタリーの『禁酒法 Prohibition』（2011年）で視聴者は、「狂騒の20年代」とその醜い実態を目の当たりにした。

長い年月のあいだにこれほどたくさんの物語が生まれ、大衆は密造酒にはもう飽き飽きしているだろうと思うかもしれない。しかし、これまでのところ、その徴候は見られない。２０１１年からは、アメリカのリアリティ番組『ムーンシャイナーズ Moonshiners』（２０１７年現在も放送中）が、オーバーオール姿の田舎の少年たちが密造酒を造り、警察を出し抜くという筋書きを再び使っている。この４年間の視聴者数は１エピソード当たり１００万人から４００万人で、この数字にはリアルタイムの放映後にオンラインの有料ストリーミングで鑑賞する人の数は含まれていない。

第５章
密造酒が引き起こす惨事

２０１４年12月のいつもと変わらないある日、彼らはジャワ島のガルトにあるスラメット総合病院に、重症あるいは意識のない状態で運び込まれた。犠牲者たちは――少なくとも身元が判明した人たちは――大きなパーティーに参加していた15歳から22歳の若者だった。合法の酒類は彼らにとっては簡単に買えるものではない。ジャワで飲酒が認められる年齢は21歳なうえ、蒸溜酒は１リットルで１００万ルピア（50ポンド）することもあった。オプロサン（密造酒の総称）ならばその10分の１の値段で買える。そのため、パーティーの参加者たちは密造酒を買って飲むことを選んだ。この若さゆえの過ちで16人が死亡し、60人がメタノール中毒で入院した。

これはインドネシアで起こった密造酒がらみのひどい事件の最初のものではない。それより何週間か前、どんちゃん騒ぎをしていた10人がやはり、有毒な酒を飲んで死亡していた。「チェリーベル」はオプロサンのなかでもとくに人気がある。密造酒に果汁を混ぜることで鮮やかな赤い色になり、毒性が覆い隠される。チェリーベルはたいていメタノール含有量が多く、ときには防虫剤などの工業製品を含んでいる。

インドネシア政府はこの問題に対処する態勢が整っていないように見える。ジョコ・ウィドド大統領は強硬派で、麻薬の密輸業者の死刑を支持してきた。彼はアルコールが市民の「道徳心」をむしばむ影響を懸念し、強引とも思える決断ながら、アルコール度数の低い合法の酒類まで小規模店舗や市場で販売することを禁止した。違法な蒸溜酒については、その販売を止めるため、140以上の新しい規則を設けた。しかし、こうした努力は無駄に終わり、インドネシアでは有毒な違法のアルコールを飲んだことが原因で、毎年1万8000人ほどが死亡している。

もちろん、安全な密造酒は造れるし、責任感のある有能な人々によって運営される市場で消費されるのであれば、すばらしい飲料になる。しかし、犯罪組織によって製造される密造酒は非常に危険で、無力な人々に深刻な影響を及ぼしかねない。密造酒の密輸に関わる犯罪者やギャングは、客のことを金銭を巻き上げるためのカモとみなしていることがほとんどだ。彼らは目先の利益を最大限にすることを優先し、自分たち以外の犠牲のことなどまったく考えない。当然のことながら、密造酒の製造者は情報という面で、客に対して優位な立場にある。その酒がどのように造られたかは彼らだけが知り、有毒なものが入っているかどうかも彼らにしかわからない。密造酒に関わる犯罪者たちは、自分の商売のじゃまをしようとする者がいれば、誰かれかまわず傷つけたり殺したりするのだ。

本質的な危険――エタノールやメタノールなどの有毒な化学物質

長きにわたって魔法の薬あるいは健康的な飲料とみなされていたエタノールは、精神に作用する毒性がある。摂取すると高揚感や眠気、激怒など、さまざまな精神状態を引き起こすことがある。しかし、体内で適切に消化されれば、アルコール飲料は人を心地よい気分にさせ、健康増進効果さえ得られることもある。

重要なことは、そのアルコール飲料の質と、どれくらいの量を摂取するかである。本当にひどい事件や事故は、過度なアルコール摂取と関係していることが多い。児童虐待、窃盗、殺人などの犯罪行為は、アルコール摂取量と比例して多くなる。また、危険を察知する能力が引き下げられるか、起こりうる結果に対して用心する気持ちが欠如するため、酔っぱらった人は自動車事故やさまざまな形の偶発的な事故でけがを負ったり死亡したりする可能性が高くなる。『クリスチャニティ・トゥデイ』紙のマーク・エリオットは２０１３年の記事にこう書いている。

ロシアで起こる殺人の75パーセント、自殺の42パーセントは、アルコールの影響下で発生している。ある都市圏の調査では、火災の死亡者の83パーセント、溺死者の63パーセント、落下による死亡者の62パーセントが、酒に酔っていたことがわかった。

ロシアは大酒飲みの国として悪名高いが、強い酒を飲んだときに惨事が起こりやすいという状況は世界共通のものだ。世界保健機関（ＷＨＯ）によれば、世界中の人々の身に起

イギリス領事館は極東への旅行者に密造酒の危険性について警告している。

こるおよそ200の病気とけがが、酒酔いや大量のアルコール摂取と関係し、そのなかには結核やHIV関連の病気の症例の増加も含まれる。

エタノールを過度に摂取すると命に関わる。エタノールの化学成分には鎮静効果があり、脳と心臓の働きを弱める。そのため、摂取しすぎると体の機能を停止させてしまう。体がエタノールをすばやく処理できないと、循環系経由で全身に回り、体の処理機能を深刻に阻害する。中枢神経系が機能を停止し、認知機能と運動機能も大幅に低下する。心拍が遅くなり、呼吸が不規則になり、酸素の欠乏が酔っぱらった人を昏睡状態に、もっと悪いときには死に至らしめる。

密造酒は通常、アルコール度数が高い。合法の蒸溜酒が一般にアルコール分40パーセントなのに対して、密造酒はその2倍になることもある。そのため、密造酒を不用意に大量に飲んだ人は、アルコール中毒になったり、筋が通らないことを言ったり、意識を失ったり、極端な場合には不道徳な犯罪行為に走ったりする。トッド・ラングレンの曲「パーティー・リカー」(2013年)は気味が悪いほどその状況をうまく言い表している。ある夜、デート相手と行ったパーティーは、最初は普通にワインをすすっていたのだが、密造酒を飲み始めたとたん狂気の世界に変わる。若い女性は気を失い、何人もの男にレイプされる。

残念ながら、密造酒の化学成分のなかで危険なのはエタノールだけではない。どんな化学製品の製造にも当てはまることだが、密造酒はさまざまな不運な出来事を引き起こす。たとえば高濃度のメタノールだ。蒸溜過程での意図しない間違いでつくられることもあれば、貪欲な蒸溜者が蒸溜酒のメタノール成分の濃い部分を取り除かないことが原因になることもある。メタノールはあらゆるアルコール飲料に必ず含まれている。専門業者が操業する正規の蒸溜所にはメタノールを安全なレベルに保つための設備があるが、密造酒製造者は設備を持たないこともあるし、安全なレベルに保つ方法を知らないこともある。知っていてもメタノールの含有量を制限しようとさえしない。メタノールはエタノールと同じように酒を飲む人を酔わせる。しかし、本当に怖いことは、私たちの体がこの化学物質を処理するときに起こる。アダム・ロジャースが２０１４年刊行の『酒の科学――酵母の進化から二日酔いまで』［夏野徹也訳。白揚社。２０１６年］で説明しているように、メタノールは代謝の過程で有毒なホルムアルデヒドに変わる。すると体は拒絶反応を起こし、吐き気を催し、ひどい腹痛とめまいが続く。その後、ホルムアルデヒドはギ酸（自然発生するアリ毒の成分）に変わり、それが体にダメージを与え続ける。

ギ酸は、細胞が酸素を利用する上で必須のチトクロム酸化酵素を阻害する。ふつうの状態であれば、目、特に視神経は大量の酸素を必要とする――そのため……ある一定以上のメタノールを摂取すると、まず目に異常が生じる。……最後にはチトクロム酸化酵素の活性低下によって、全般的な神経毒性が生じる。たとえ命を取りとめたとしても、パーキンソン病のような震えや、言語障害、歩行困難、精神障害などが残ることになる。(夏野徹也訳)

さらに症状が重くなると、昏睡状態に陥ったり死に至ったりすることもある。人体にこの種のダメージを与えるために、それほど多くのメタノールは必要ない。体重70キロの人なら、わずか70ミリリットルのメタノールで死亡する可能性がある。若くて健康な人であってもメタノール中毒で死亡する例が恐ろしいほど頻繁に起こっている。ニュージーランドのラグビー選手マイケル・デントンは、２０１１年に死亡した。まだ29歳で、身体機能のピークにあった彼が、バリ島でメタノール成分が濃いカクテルを飲んで数日のうちに死亡した。その2年前にも、やはりバリ島で25人がメタノール中毒で死亡していた。

こうしたメタノール中毒はエタノールを迅速に投与することで救える場合がある。エタノールはメタノールがホルムアルデヒドに変化するのを阻害し、メタノールを体外に排出する。しかし悲しいかな、メタノール中毒の犠牲者の多くは治療が間に合わず、回復不能の失明、神経の損傷や死という結果を迎えている。

密造酒は不適切な製造設備の使用のために、不注意で汚染されもする。生産性だけを考えれば、化学工場を使う以上に都合のいいことはない。そうした工場にもともと設置されている重機械を使えば、一日に数百、おそらくは数千ガロンの蒸溜酒を製造することができる。塗料や溶剤を製造する工場はとくにこの作業に向いている。20世紀初めには、松の木からつくられるアルコール溶剤の一種であるテレピン油を製造していたアメリカの工場は、密造酒製造所と同義語になった。こうして、テレピン油やほかの物質が混入した蒸溜酒が、合法に製造された蒸溜酒を買えない人たちに売られ、それを飲んだ膨大な数の人々が中毒や病気になった。

密造酒製造者はしばしば、燃料用のドラム缶、自動車のラジエーター、捨てられていた容器などを再利用して、手製の蒸溜器をつくる。そのなかに残るわずかな化学物質が、当然ながら、それを使って造る蒸溜酒を汚染する。

さらに、蒸溜器自体もその素材によっては有毒物質を発生する。とくに鉛中毒は古くから問題視されていた。リチャード・フォスは『ラム酒の歴史 *Rum: A Global History*』（２０１２年）で、１８０８年にカリブ海のマリー＝ガラント島に駐留していたイギリス軍兵士たちが、汚染されたラム酒で「駐屯部隊まるごと」中毒になったと書いている。蒸溜器のパイプがはんだで接合されており、そのはんだに含まれる鉛が蒸溜液にしみ出ていたのが原因だった。体内に鉛が蓄積されると、胃痛、関節痛、認知障害、疲労感、聴覚障害など、多くの深刻な症状を引き起こす。最近では、蒸溜器として再利用された車のラジエーターが、鉛の含有量の多い危険な密造酒を造り出している。

密造酒――信頼される商品か社会をむしばむ害悪か

密造酒取引の成功には信頼が欠かせない。信頼があれば、製造者と消費者の両方を利する。この点は密造酒もほかの商品と変わらない。市場が適切に働けば、双方が利益を得て、「外部性」（その取引に無関係の人たちへの影響や負担）は最小限に抑えられる。

松の木の樹脂を集めている男たち。これを蒸溜するとメタノールができる。20世紀初期のジョージア州サヴァンナ。

この原理を理解するには、住民同士がほぼすべて知り合いであるような小さなコミュニティを想像してみるだけでいい。たとえばこうだ。そこで密造酒を製造している人物はコミュニティのほかの住人に知られている。非合法で製造されるその蒸溜業者の製品は、出来のよさと蒸溜者が誠実だという評判のために人気がある。もし製造過程で手抜きをすれば、蒸溜業者は短期的には利益を得るかもしれないが、実際にそうすれば評判を失い、売り上げに悪影響が出るおそれがあるため、リスクは避けようとする。このようにして製品の安全性は保たれるが、あらゆる密造酒市場でもっとも健全なのは、複数の製造者がいて、最善の製品を最善の価格で消費者に売ろうと競争している市場である。

スコット・パーティンはこの誠実なほうの密造酒製造者の代表だった。パーティンの一家は、よりよい生活を求めてアメリカの海岸に降り立った多くのスコットランドとアイルランドからの移民集団のうちの一家族だった。パーティン家はケンタッキー州でしばらく過ごしたのち、最終的にフレークスの町に根を下ろした。スコット（１８６７〜１９５６年）は進取の気性に富み、手製の飾り戸棚、宝箱、楽器を売る店を開き、小説や詩も書いた。孫娘のビリー・ディーン・ピアースによれば、彼は聖書の言葉を読み聞かせることで手にできたいぼを治すことができると思われていたので、「いぼ」の名で呼ばれていた。

やがては地元の有名人になり、妻と一緒にこの地域で最初の学校を建てるための土地を寄付した。

スコットは密造酒も造った。本人の考えでは、彼はただコミュニティが望む製品を供給していただけだった。フレークスは片田舎の町で、住民のほとんどは貧しかったので、必要なものは自分たちでつくるのが当たり前だった。客はスコットに、密造酒のかめをひとつ欲しいと伝える。するとスコットはある岩の後ろにかめを隠しておく。客は岩の下に１ドルをはさんでいき、スコットの子どもがそれを取りに行く。

やがて息子のアーネストが一家の商売を引き継いだが、捕まって刑務所に入れられたことで手を引いた。アーネストには10人の子どもがいて、彼はまじめに教会に通った。商売をやめたあとは家屋の建設で生計を立て、評判もよかった。そして、ほかの密造酒製造者の蒸溜器を修理することで収入の足しにしていた。

残念ながら、地方に見られるこうした牧歌的な密造酒経済は、例外である場合が多い。密造酒市場の多くは匿名で取引されるので、消費者と製造者のつながりが弱い。製造者が買い手に知られることはなく、買い手は密輸業者やディーラーを通して購入するか、友人や知人のツテを利用し、ふたりか３人の手を経たものを買っているのが実情だ。消費者は酒類の品質について調べることができず、そのため、質は限りなく低くなる傾向がある。
アメリカでは、ヴァージニア州の一部でこの問題が表面化している。小規模の地元の密造酒製造者は存在するが、ごく少数しかいない。違法なアルコール製品について調査を実施し、関連品を所蔵しているブルーリッジ研究所・博物館は、ヴァージニア州の状況について次のように報告している。

密造酒の取引は前世紀に入って大きく変化した。現在は、このビジネスに関与している者の数は非常に少ない……現在の密造酒製造者は1900年代初期の同業者より、少ない労力でより多くのアルコールを蒸溜することができる。近年の密造酒は大量の砂糖と比較的少量の穀物で造られる。現在の密造酒製造者は1800年代後半に一般的だったリンゴやモモのブランデーを造った経験がほとんどない……現在の密造酒の買い手は、以前のような南部の小さな工場町や鉱山施設ではなく、東部の大都市に住んでいることが多い。

密造酒市場は顧客に選択肢がないときに、いっそう悪質になる。合法の酒類か非合法の

銃を抱えたスコット・パーティンと彼の蒸溜器。1940 年代頃。

酒類かの選択肢がないと、人々は手に入るものならどんなものでも飛びつく。消費者が依存症であるときにはこの傾向がますます強まる。彼らにとっては酔っぱらっていい気分になることが重要で、健康上のリスクは二の次だ。人類学者のエイドリアン・パインが『しっかり働き、おおいに飲む *Working Hard, Drinking Hard*』(2008年)に書いているところによれば、ホンジュラスの通りにいる貧しいアルコール中毒者は高い税金のかかった安全な酒を買うことができず、その代わりに「消毒用アルコールをベースにした混合飲料」を飲んでいる。彼らのような「パチャングエロ」や「チャラミレロ」たち――通りでばか騒ぎをする人たち――は、消毒用アルコールをガブガブ飲みさえする。彼らは変性アルコールの吐き気を催させる味を和らげるために、水や砂糖、炭酸飲料などを混ぜている。

有毒な密造酒が広範囲で消費されていることが社会全体に与える影響は、悲惨なものになりうる。ウィリアム・ホガースの版画『ジン横丁』(1751年)は、無秩序状態のロンドンのスラムを描いたものだ。飲食を専門にするジャーナリストのレスリー・ソルモンソンは『ジンの歴史 *Gin: A Global History*』(2012年)で、『ジン横丁』で通りを占領している人たちは、テレピン油や硫酸、その他の不明な成分で汚染されたジンを飲み、文字どおり自分自身に毒を盛っていた、と書いている。

ウィリアム・ホガース作、『ジン横丁 Gin Lane』（1751年）。違法な蒸溜酒が引き起こす騒動を描いている。

しかし、密造酒が蔓延するスラムは古代の遺物ではない。現在も世界中に存在している。職を得て働くことがめったにない男たちが、スリランカの密造酒カシップを出す怪しげな店で自ら毒を飲み、コロゴチョ（ケニアのナイロビにある大規模なスラム地区）にはアルコール中毒者が大勢いて、彼らは密造酒チャンガーで心も体も損なわれている。

密造酒と人間の欲

定義上、密造酒を造ることは違法であり、それを実行する者は誰であれ犯罪者である。それでも、すべての密造酒製造者が似通った人たちというわけではない。生産してあまったナシをカルヴァドスのような蒸溜酒にして、自分や友人だけで飲んでいる農民もいれば、化学装置をオンラインで購入して地下室でいじくり回し、趣味として純度の高いライウイスキーを造っている先進国の人たち、そして、前述したように田舎の牧歌的な環境で密造酒経済に参加して蒸溜酒を造っている人たちもいる。彼らは社会に害を与えていない（彼らの蒸溜所が爆発したり、彼らが造った酒が有毒でないかぎり）。彼らは犯罪者とい

密造酒はしばしば不衛生な環境で造られる。この「カシップ」はスリランカの汚ない小川のそばで造られている。

うよりは無免許の製造者だ。

一方で、ヴァージニア州のスタンリー一家のような密造酒製造者もいる。彼らは1990年代後半に年間100万ガロン以上の蒸溜酒を製造した。所有する1200ガロン容量の蒸溜器8基が造る強い蒸溜酒は、アメリカの東海岸の都市に住む貧しい人たちの口に入っていった。酒飲みたちはどんどん数が増える都会のもぐり酒場などで、砂糖ベースの安酒を飲んで泥酔した。製造コストは1ガロン（約3．8リットル）当たり3ドルから4ドル程度で、末端価格は20ドル。利ざやは莫大だった。スタンリー一家は暴力的なことで有名だった。密造酒ビジネスを率いるウィリアム・スタンリーは自分の息子を銃で撃ったことがあり、その息子はのちに、再び兄弟のひとりに撃たれた。彼らとビジネスを行なう者は誰でも、スタンリー一家と渡り合うのは危険だと理解せざるをえなかった。ウィリアム・スタンリーは2000年に連邦政府が彼の蒸溜所を閉鎖するまで、30年間、密造酒製造を続けた。

小売業者やレストラン経営者なら誰でも知っていることだろうが、飲料は一般的な傾向として利益率が非常に高い。とくにアルコール飲料となると消費者はもっと高い料金を支払ってもいいと考えるので、なおさら利益は上がる。アルコール飲料は1リットル当たりのアルコール度数が高いほど、価格が高くなる傾向がある。このこと（と高い税金）が、なぜ合法に製造された蒸溜酒の価格が、たいていワインの価格より高いのか、そしてなぜワインはビールより値段が高いのかの理由となっている。

犯罪者はあくまで犯罪者だが、密造酒を理解するためには、彼らを起業家としてもとらえなければならない。合法のアルコール飲料の経済がうまくいかなくなるとき、犯罪者はすばやく市場の隙間を見つけてそこに入りこむ。蒸溜酒の販売が禁じられているか厳しく規制されている地域では、密造酒製造者が市場への供給量を増すことができる。価格が高すぎる地域（過度な税金のために）では、犯罪者は密造酒を合法のブランドより安価なライバル商品として売ることができる。

密造酒の取引は合法の商品の取引と同じように、基本的には３つの活動から成る。製造、販売業者への流通、そして客への販売である。密造酒製造者はこの３段階の最初については自分で行なう。小売業者のもとへの製品の運搬は、製造者自らが行なうこともあるが、しばしば第三者に委託され、それが国境を越える取引であれば、その第三者は密輸業者と呼ばれる。消費者への販売は製造者でも輸送者でもない者の手で行なわれる。合法の店舗やバーの所有者ということもあるが、そうでない場合のほうが多い。

一部の例外を除き、密造酒製造は不安定でハイリスクのビジネスである。専門家の手で築かれた合法の企業とは違って、密造酒製造者は自分が長くこのビジネスに携われると自信を持てることはめったにない。そもそも、いつ警察がやってきて廃業に追い込まれるかわからないのだ。それと並行して、密造酒製造者は過酷な競争に直面する。合法の市場では、政府が定めたルールに沿って、もっとも低い価格設定でもっともうまく操業している企業が勝利を期待できる。それとは対照的に、闇市場にはルールがなく、公正なものであれ不公正なものであれ、競争に制限をかけるものがない。賢くビジネスをすることが重要だが、多くの場合、もっとも冷酷な参加者が勝利する。非合法の企業は公正な市場競争をするだけの辛抱強さがない。そのため、密造酒製造者同士の暴力は日常茶飯事で、麻薬取引の世界とよく似ている。たとえば、１９２０年代の禁酒法の時代のシカゴは、暴力の吹き荒れる町として悪名高く、犯罪シンジケートが市場の支配をめぐって大っぴらに機関銃で撃ち合いをしていた。

密造酒は過度に卑劣なビジネスになりがちで、関係者は目先の利益を最大化するためなら何でもする。密造酒製造者は蒸溜酒をできるだけ安く造り、密売業者はアルコールを薄め、容器に偽のラベルを貼って合法の酒に見えるようにする。バーの経営者は密造酒にほかのものを混ぜて味をごまかし、同時に在庫を増やそうとする。

消費者は密造酒製造者の欲深さの影響をもろに受ける。ここでも、合法の市場との比較が理解を深めるだろう。

合法のパブかバーでプリマス・ジンを１杯飲むとしよう。金を払い、提供されるのは間違いなくプリマス・ジンで、その酒は飲んでも安全だと信じられる。その店がライセンスを持っていて、製造業者もライセンスを持っていて、どちらもビジネスを続けるためには評判を維持しなければならないとわかっているので、絶対的な信頼を置くことができる。

密造酒の場合はどうだろうか。買い手にはそうした安心できる材料はない。もし買ったアルコールの質が悪ければ、飲む人にそのしわ寄せがいく。オクラホマ州のある警察官は２０１３年に、警察署が証拠として押収した密造酒のサンプルについて新聞記者にこう語った。「われわれが作業をしているあいだ、それはデスクの上に置いてあった。広口瓶の底が腐って外れていた。底の部分は茶色く変色していたが、なぜ茶色くなったかはわからなかった。あとになって瓶の底が酸で腐食していたからだとわかった」。どんな酸性物質が密造酒に含まれていたかはわからないが、その酒を飲んだ人に深刻なダメージを与えていただろうことは間違いない。また、『エコノミスト』誌の記事によれば、ケニアの密造酒組織を解体した警察も、恐ろしいものを目にしている。その密造酒は糞便の入った水から造られていた。そしてチャンガーに蒸溜される前の醸造酒からは、腐ったネズミと女性の下着が見つかった。

密造酒を安く手をかけずに造りたいという誘惑は製造者にとって強力で、そのひどい結果が世界中のコミュニティで問題を引き起こしている。たとえば大規模な中毒事件の頻発だ。これは禁酒法政策をとっているか、酒類の規制が機能しない飲料市場のある貧しい国でとくによく起こる。宗教的な理由から飲酒を禁じているリビアでも、大規模な中毒事件が何度か起こってきた。2013年初めにメタノール中毒と思われる症状で100人以上が死亡した。大量死はインドでも警戒を要するほどよく起こる。2009年には有毒な蒸溜酒を飲んで136人が死亡した。あくどいギャングが密輸したものだった。2015年にも、ムンバイでメタノール中毒のため100人ほどが死亡した。

同様の悲劇が近年、エクアドル、ケニア、ナイジェリアでも起こっている。密造酒に関わる犯罪組織の規模は大きく、それだけ彼らの引き起こす惨事の規模も大きくなる。エクアドルのグアヤス州の違法な工場が、有毒な蒸溜酒をおよそ50万リットル製造していた。その酒を飲んで少なくとも50人が死亡し、６００人が入院した。ただし、この密造酒が原因で正確に何人の犠牲者が出たかは、当局も把握しきれていない。犯罪者たちが世の中に送り出した密造酒のうち、約４分の１しか回収できなかったからだ。

世界保健機関（ＷＨＯ）によれば、世界中で製造される蒸溜酒の４分の１ほどは、無免許の蒸溜所で造られている。飲む人にはエタノールと区別できないが有毒なメタノールは、わずかなコストで、たとえば廃材からでもつくることができる。コストの低さを求めて、変性アルコールが使われることもある。洗浄などの用途で使われる変性アルコールは、多くの国では課税率が低いかまったく課税されないため、かなり安く購入できる。変性アルコールはエタノールにアセトンなどさまざまな有毒物質を加えて、飲用に適さないようにしてあるものだ。変性の過程を完全にひっくり返すことのできる密造酒製造者などほとんどいないため、有毒物質は残る。

犯罪者たちは利益をかき集め、税金はいっさい納めない。そのツケを払わされるのは犯罪者以外の社会の人たちで、医療コストや社会的コストという形で支払っている。貧しい人たちはもっとも直接的にその影響を受ける傾向がある。大部分の密造酒を消費するのはこうした貧しい人たちで、スリルを求める大学生や自宅で蒸溜酒造りに夢中になっている人たちではない。

密造酒取引の横行が、発展途上国や統治に失敗している国にとって大きな問題だと言うのは簡単だろう。国境警備は手薄で、腐敗した役人たちが安月給を補うためにわいろを受け取り、劣悪な酒類が国内に入り込むための水門を喜んで開けている。失策を続ける政府は合法の酒類に過度な税金をかける法律によって、それを禁断の果実として扱い、人々の密造酒の消費を刺激している。もちろん、極端な貧しさが密造酒造りをたきつける燃料にもなっている。

しかし、以上のようなことは、先進国にも巨大な密造酒市場がある理由を説明できない。ロシアでは、ウラジーミル・プーチン大統領の圧制と酒類の厳しい取り締まりにもかかわらず、サマゴンが出回っている。『モスクワ・タイムズ』紙は現在、有毒な密造酒による死者数を年間4万人としている。

経済大国の仲間入りを果たし、文化的に多様な国であるインドには、上質な蒸溜酒を製造する合法の蒸溜業者がいる。「アムルット」ブランドのウイスキーはスコットランドのシングルモルトと肩を並べる。それにもかかわらず、インドもまた深刻な密造酒の問題を抱えている。インド商工会議所連合会の２０１５年の報告によれば、非合法のアルコール飲料市場は２０１２年から１５０パーセントも成長し、この大幅な増加は合法の蒸溜業者に１４１４億ルピー（23億米ドル）の損失をこうむらせた。インド政府は密造酒の消費を抑制するための対策を講じているが、残念ながら大規模な中毒事件は驚くほど頻繁に発生している。２０１５年１月には北部のウッタルプラデーシュ州で28人が死亡し、90人が入院した。

偽物の酒

ガラスの広口瓶、古いプラスチックの水差し、使い回しのペットボトルなどで安い密造酒を売ることは、貧しい人たちを相手にもうけを出すよい方法になる。一方で、金持ちにもねらいを定めようとする犯罪組織にとっては、「偽物の密造酒」がより利ざやの大きい市場への扉を開く。

犯罪者は自分たちが製造した密造酒をよく知られた一流ブランドの酒として装うか、製造した偽ブランドを合法に見えるように装って店舗やバーに持ち込む。こうして、合法に製造された蒸溜酒に見せかけた密造酒は、国境を越えて人々に害を与える。その国の繁栄の度合いや統治形態とは関係なく、こうした密造酒の販売はどこでも行なわれている。

何世紀も前から良質のビール、蒸溜酒、ワインが集まる中心地だったイギリスについて考えてみよう。合法に製造されたアルコール飲料を入手するのは簡単で、店舗やパブやバーで売られており、ほとんど誰でも手に入れられる。それでも、密造酒の密輸入との戦いは税関職員や関係当局にとって、相変わらず手のかかる問題である。最近でも多国間共同の法執行強化の一環として、偽ウォッカ製造の拠点となっていたイギリスの工場を家宅捜索した。インターポールの報告書によれば、「当局は密造酒を詰めるための空瓶を2万本、偽酒を造るために使われる5リットル容量の不凍液の容器を数百個、さらには化学物質の色やにおいを消すために使われる逆浸透装置を発見した」。こうした摘発はめずらしくもなんともない。政府は毎年、数万リットルの密造酒を押収している。イーストロンドンで逮捕されたギャングの密造酒製造者が使っていた工場は、130万本の偽ウォッカのボト

中身がまったく同じに見えるふたつのグラス。しかし右側のグラスに入っているのはアイリッシュウイスキーの「ジェムソン」で、左側は紅茶で色づけしたメタノールが入っている。

タイ当局が偽物のジョニーウォーカーほか、偽物の蒸溜酒を押収した。

ルを流通させていたと見積もられる。

偽蒸溜酒は人々にとっても経済にとっても悪い影響しかもたらさない。まず、個人や国全体の医療費をつり上げる。また商取引の重要な要素である信頼を損なう。たとえば、チェコ共和国では2012年に蒸溜酒の取引が一時的に停止された。ラムやウォッカのラベルが貼られていた密造酒を飲んだ38人が死亡し、79人が重症となる事件が起こったためだ。汚染された密造酒は合法のブランドに見えるようにパッケージされ、ライセンスを持つ小売店で客に販売された。このような事件は頭を悩ませる疑問を投げかける。いったいどの蒸溜酒なら安全なのだろう？

偽蒸溜酒が横行している国をひとつだけ挙げるとすれば、それは中国だろう。増大する富と西洋のものへの憧れが人々の消費をあおり、その勢いはとどまるところを知らない。密造酒製造業者は、中国の合法蒸溜酒ブランドをまねできる方法があれば、何でも実行する。有名な酒類ブランドの空瓶市場が生まれ、スタイリッシュなブランドほど高値がつく。密造酒製造業者はただその瓶に密造酒を入れ、再び封をして売るだけでいい。合法の蒸溜業者も安い蒸溜酒を密造酒業者に売ったとして捕まることがある。買った側はそれに色と風味を加えて、需要の多いブランドに見せかけて売るのだ。

ボトルのラベルはまったく信用できないこともある。「スコッチウイスキー」や「バーボン」と書いてあっても、なかに入っているのは別のものかもしれない。国際貿易の専門家として知られるジョージタウン大学のマーク・L・ブッシュ教授は、中国人が経営する店舗で売られる「ジョニーウォーカー」の大部分は偽物であることが疑われる、と指摘している。ボトルは本物に見えるかもしれないが、中身はおそらくスコットランドからきたものではない。さらに、これらの偽ボトルのラベルには、滑稽な間違いが含まれているものもある。少なくともぱっと見たかぎりでは、まさにジョニーウォーカーのレッドラベルやジャックダニエルのサワーマッシュ・ウイスキーに見えるのだが、スペルミスばかりで、「Johnnie Worker Red Labial」や「Johns Daphne Tenderness Sour Mash Whiskey」などと綴られている。中国での密造酒市場の規模は控えめにでも推定するのがむずかしい。北京の三里屯《さんりとん》にあるバー1軒だけで偽物の蒸溜酒が3万7000本も見つかり、中国のある犯罪組織は偽蒸溜酒で3億ドルを動かしてきたと見積もられるからだ。

消費者が無知であることが中国の密造酒市場の繁栄を助けてきた。政府の役人の甘さも同じである。ただ、注目すべきことに、買い物客が自分の買おうと思った「クルボアジェ」のコニャックが本物ではないと気づくことがある。しかし、彼らは気にする様子がない。

これは〝偽ロレックス効果〟と呼べるだろう。買い手は贅沢な蒸溜酒の偽物を、飲むためではなく見せびらかすために買うのである。

「善良な」密造酒業者、つまり楽しみのために自分で蒸溜酒を造り、友人と一緒に密造酒をすすっているだけの小規模な製造者には同情の余地がある。自家製の醸造酒の造り手と同じように、こうした個人は法執行機関の注意を引くような悪事に手を染めているわけではない。しかし、政府には密造酒の取引を全力で取り締まるべきもっともな理由がある。犯罪組織によって密輸される密造酒は、さまざまな悪い結果を引き起こす。密造酒ビジネスは、客をだますことと、商取引にかかる税金の納付を拒否するという、倫理に反した行為を基本にしている。

合法の蒸溜酒を製造する企業と提携することで、政府は密造酒の消費を抑え込むことができる。税金を納め、安全な製造のルールを守っている合法の蒸溜業者は、彼らの製品の偽物をつくり、それによって彼らの商売を奪い、ブランドを汚している違法な蒸溜業者からビジネスを取り戻すことに、経済的な関心を持つ（イソプロピル・アルコールをベースにした偽蒸溜酒で気分を悪くしたあとで、スーパーマーケットの棚に並ぶジンを見ても、誰がそれを飲みたいと思うだろう？）。ブラウン・フォーマン、ディアジオ、ペルノ・リカー

RFID（無線自動識別タグ）の一例。いつの日か、消費者や警察が合法的な蒸溜酒と危険な偽蒸溜酒を簡単に区別できるようになるかもしれない。

ルなどの大手酒造会社が、国際蒸溜酒製造者連盟を結成したのもその理由からである。１９９３年に結成されたこの団体は、会員企業が自分たちの蒸溜酒ブランドの偽物製品と戦うための共同資金を出し合っている。現在は法執行機関の捜査員が偽物を識別できるように訓練するほか、疑わしい製品の化学成分の分析結果を提供することで、30か国の密造酒との戦いに力を貸している。

蒸溜業者はこの戦いに役立てるため、21世紀の最新テクノロジーも利用している。スコッチウイスキーのメーカーは、分光法による分析を実験してきた。少量のウイスキーにレーザーを当てると、ブランドごとの分子指紋が明らかになることを発見した。この技術が拡大し、税務調査官や関税職員の手に渡されることで、偽物の選別に役立つことが期待されている。

新しいラベルの導入も、製造者や消費者が偽物を見破るために役立っている。数十年前に定められたＵＰＣコード（アメリカ、カナダで使われている商品コード）は、ＲＦＩＤ（無線自動識別タグ）やスマートラベルに変わっていくかもしれない。ＲＦＩＤつきのラベルには無線信号を発信するチップが搭載されていて、蒸溜酒の個々のボトルを識別できる。小さな基盤つきのスマートラベルも、仕組みは異なるものの、同様に蒸溜酒の個々のボトルを識別できるようになる。そうなれば、「ウェベル」ブランドのアルマニャックを買う人は、もう中身がわからないまま買うことがなくなるだろう。アプリを使えば、そのボトルが正真正銘の本物なのかどうかを確かめられる。

第6章 密造酒が合法になる

ジョー・ベイカーは２０１０年に思いもよらないことをした。密造酒の蒸溜所を始めたのだ。それは彼のそれまでのキャリアにはそぐわない行動だった。ベイカーは一流大学として知られるワシントンＤＣのジョージタウン大学で法律の学位を取得したのち、米空軍の将校になった。一時期は検察官として連邦政府が犯罪者を刑務所に入れるのを助け、その後、テネシー州東部の人口４０００人の町ガットリンバーグで法律事務所を開業した。

ベイカーは頭がおかしくなったわけではない。本人が語っているように、彼は自分のルーツに戻ったのだ。彼の先祖は１７００年代後半にテネシー州に移住し、すぐに密造酒造りに手を出した。テネシー州はジャック・ダニエルの生まれ故郷で、有名なジョージディッケルの蒸溜所があるにもかかわらず、州は合法に製造された蒸溜酒に対してそれほど寛大ではなかった。２００９年までは、州内の95の郡のうち、わずか3郡でしか蒸溜所の操業が認められていなかったのだ。しかし、この年、州はようやく禁酒法政策が州経済に悪影響を与えているという事実に気がつき、州議会が新たに41の郡で合法の蒸溜酒製造を認める法律を通過させた。ガットリンバーグのあるセヴィア郡もそのひとつだった。ベイカーはチャンスを逃さなかったともいえる。

ベイカーは勝負に出た。有名な、しかし非合法の地元製品――密造酒――を合法の製品にしようと決めたのだ。彼は面倒な法的手順すべてに従い、政府に税金を納めたが、製品の性格は変えようとしなかった。熟成していない純度の高い蒸溜酒をスクリューキャップのガラス瓶に入れた製品だ。経済的には、これはばかげた考えだった。誰が合法的な密造酒に1本20ドルから25ドルも払おうと思うだろう？　非合法の酒類をもっと安く買えるというのに。しかし、最終的には、ベイカーの賭けは大当たりだった。彼が蒸溜所から見えるスモーキー山脈にちなんで名づけた「オール・スモーキー」は大ヒット商品となり、事業を始めてから4年目には、２４０万本を売り上げた。全米50州すべてに彼の密造酒を置いている店があり、さらには南極をのぞくすべての大陸で見つけることができる。

おもにトウモロコシを原料にした１００プルーフ（アルコール分50パーセント）の「オリジナル・オール・スモーキー」のほかに、この蒸溜所では10を超えるフレーバーの蒸溜酒を製造している。ブラックベリー、モモ、さらにはアップルパイまであるフレーバーは、いずれも非合法の密造酒製造者がはるか昔から提供してきたものを手本にしたものだ。テネシー州民は古くからブラックベリー、モモ、リンゴを栽培してきた。チェリーも州内で栽培され、ベイカーの蒸溜所は瓶入りの密造酒漬けのチェリーも提供している。このチェリーは非常に人気が高いが、もとをたどればおそらく、ずっと昔に密造酒製造者が偶然の産物としてつくり始めたものだ。瓶のなかにチェリーを放り込むと、蒸溜酒に風味が加わる。そのうえ、アルコールに浸ったチェリー自体もおいしい。オール・スモーキー・ムーンシャイン・チェリーの買い手はチェリーを食べてから瓶に残った密造酒を飲むことができる。ベイカーはその後、伝統から離れたフレーバーにビジネスを移行した。「テネシーではあまりパイナップルを栽培しない」と、彼はぶっきらぼうに話す。しかし、彼のパイナップル酒はよく売れている。

合法密造酒ブーム

言葉としては矛盾しているが、合法の密造酒はよく売れる人気商品になってきた。市場調査会社テクノミックの計算によれば、アメリカの合法密造酒の売り上げは2010年から2014年のあいだに1000パーセント増加した。アメリカの酒類販売店とバーは現在、少なくとも密造酒1種類はつねに在庫を用意している。

ジョー・ベイカーは合法の密造酒を最初に発明した人物ではない。「ジョージア・ムーン（ジョージアの月）」というトウモロコシベースのウイスキーは、1990年代初めからこのような動きのさきがけとして、全米の多くの市場に出回っていた。スクリューキャップのガラス瓶入りで、ラベルには漫画っぽい文字で、「あなたのシャインを手に入れようGet you your shine on」と書かれている。ジョージア・ムーンは製造元であるケンタッキーの大手蒸溜所ヘヴン・ヒルにとって売れ筋商品になることはなかった。この会社は「エヴァン・ウィリアムス」や「エライジャ・クレイグ」などのバーボンでのほうがよく知られている。消費者はジョージア・ムーンを珍奇な製品か、冗談半分に誰かにプレゼントとして贈るようなものとみなしていたようだ。同じように、「エヴァークリア」など穀物だけを原料にした蒸溜酒ブランドも、何十年も前から造られてきた。アルコール度数95パーセントにもなる水のように透明なこれらの蒸溜酒は、合法密造酒として売り込むこともできただろう。歴史的にはそうされることはなかったが、エヴァークリアのウェブサイトは現在、スクリューキャップのガラス瓶入りのこの製品の写真を掲載している。

合法に製造された密造酒への現在の需要は、新たにこのビジネスに参入した小規模な蒸溜業者が満たしている。市場には熟成されていない、アルコール度数の高い蒸溜酒があふれ、「ムーンシャイン」や「ホワイト・ウイスキー」などの文字が入ったラベルがついている。いくつか例を挙げれば、「シルヴァー・ライトニング」（カリフォルニア）、「オニックス・ムーンシャイン」（コネティカット）、「アイオワ・コーン・ウイスキー」（アイオワ）、「サンダー・ビースト」（ミズーリ）、「ハドソン・ヴァレー」（ニューヨーク）、「グレン・サンダー」（ニューヨーク）、「コッパーシー」（ニューヨーク）、「パルメット」（サウスカロライナ）、「ハイ・ウェスト」（ユタ）、「デス・ドア」（ウィスコンシン）などがある。アメリカ蒸溜協会のビル・オーウェンス会長によれば、アメリカには600を超える小規模な蒸溜所がある。密造酒は彼らにとって魅力的な製品だ。蒸溜器から流れ出てきたものをすぐに売って利益を刈り取ることができるからだ（樽で熟成させる蒸溜酒はコストがかかる。樽を調達しなければならないが、これが高価である。保存のための場所も必要になる。蒸溜酒は蒸発するので、樽に入れておくと当初注ぎ入れたときよりも量が少なくなる）。

これらの新しい合法的な密造酒のいくつかは、蒸溜酒の世界への新規参入者によって考案された。あるいは、ジョー・ベイカーのように古くから密造酒と関わってきた家系の人たちが造ったものもある。ナスカーのドライバーだったジュニア・ジョンソンも、すばやく金もうけをするチャンスだと気づき、２００７年に自分のビジネスを合法化した。彼は「キャットダディ・カロライナ・ムーンシャイン」の製造元であるピードモント蒸溜所と提携し、「ミッドナイト・ムーン」ブランドを製造した。ポップコーンの未亡人パム・サットンは、カントリーミュージックのスター、ハンク・ウィリアムズ・ジュニアと手を組み、「ポップコーン・サットンズ・テネシー・ホワイト・ウイスキー」を売り出した。何十年も密造酒を造り続けてきたクライド・メイは、２００２年に合法のアルコール製造者になった。彼は市場にうまく参入し、２年もたたないうちに彼のウイスキー・ブランドはアラバマ州の公式蒸溜酒に選ばれた。

合法密造酒の奇妙な魅力

合法密造酒は奇妙な製品である。理性的な観察者なら、なぜ密造酒に高い料金を払おうとする人がいるのか、と不思議に思うかもしれない。定義の上では、密造酒は違法に製造される製品だ。ベイカーの製品や、ライセンスを持つ蒸溜業者が「密造酒」として売っているほかの酒類は、コーンウイスキー、中性スピリッツ、または中性ブランデーという分類で、合法の製品として扱われる。

蒸溜酒の専門家や愛好家のあいだでは、合法密造酒は論争の的になる。「ただのマーケティング戦術さ」と、ある人が私にぼやいたこともある。ジャーナリストで『アメリカのウイスキー、バーボン、ライ――国民が好む蒸溜酒ガイド *American Whiskey, Bourbon and Rye: A Guide to the Nation's Favorite Spirit*』（２０１３年）の著書クレイ・ライゼンは、『アトランティック』誌の記事で、合法密造酒産業を攻撃し、「最悪のまったくばかげた蒸溜酒」と表現した。これは密造酒という言葉を乱用した詐欺行為だと彼は主張する。「酒類販売店の棚で売られているのなら、それは密造酒ではない。おしゃれなウェブサイトがあるのなら、おそらくそれは密造酒ではない」。『エスクァイア』誌のエリザベス・ガニソンも、ライゼンと同様の批判を繰り返し、「お高くとまった田舎者の密造酒トレンド」にあきれた顔をした。

密造酒のマーケティングの一部は議論の余地なくばかげたものだが、そもそも、度を越した、まったくもって不正直なマーケティングは、すべてのアルコール飲料に共通する。伝統や遺産を強調し、おおげさな歴史的なエピソードで製品を美化するのは例外ではなく、アルコール飲料の業界ではよくあることだ。

密造酒の新しい大衆市場を理解するには、需要と供給という取引の両方の側について考えなければならない。第４章で述べたように、密造酒への消費者の関心は、大手メディアの描写によって高まった。また、密造酒はクラフトカクテル（創作カクテル）革命にも便乗した。バーテンダーたちは古いレシピに興味を持ち、その多くは１９２０年代に人気になったものだった。だから、こうしたレトロ趣味のバーテンダーたちが、合法密造酒を在庫に加えるのももっともだった。その結果、アールデコのインテリアで飾りつけた店内に、白いシャツに黒のサスペンダー、髪を後ろになでつけたこざっぱりしたバーテンダーがいる新しいバーが次々と開店した。

しかし、密造酒人気の高まりの理由はそれだけではない。それを理解するには、合法的

『ディスティラー』誌は、自家製で生産量の少ない蒸溜酒の産業としての成長を記事にしている。

に造られる密造酒というものを、もっと大きな背景で考えなければならない。

世界の多くの地域で、飲食物がどこでどのように製造されているかの関心が高まっている。これは多くの要素がからむ複雑な社会的現象で、分子料理学、スローフード主義、ヴィーガニズム（厳格な菜食主義）、パレオダイエット（原始時代の食生活を取り入れたダイエット）などの発達が背景にある。全体としてこうした動きは、大量生産される食品や、加工工場や工業化された農業に対する否定的な見方から生まれたように見える。この拒絶反応から「本物の」食べ物や飲み物への願望が生まれた。

何が本物の食べ物を構成する要素かは議論の対象になるが、人々の気持ちのなかでは、地方で有機栽培される（農薬を使わず、遺伝子組み換えも行なわれていない）農作物から少量だけ造られた食べ物や飲み物を意味する。自然食品チェーンのホールフーズやオーガニック食品が世界中で爆発的な成長を見せていることは、人々の「本物の」食べ物や飲み物への渇望がいかに強いかを示している。合法密造酒は一時的ブームという性格も多少あるが、この同じ渇望から生じたものでもある。

「本物の」蒸溜酒への需要を満足させる

本物の飲み物への欲求を、自分でそれを造ることで満足させる人たちもいる。いまではインターネットのおかげで、趣味人も、日曜大工が好きな人も、地元食材にこだわる人も、自家製の食べ物をつくるために必要な知識、設備、原材料を簡単に手に入れられるようになった。蒸溜酒も例外ではない。

たとえば、モスクワの有名なギター製作者、ニコライ・グセフの様子をインターネット上で見ることができる。彼は郊外の農場で自分で食べきれる以上のリンゴを収穫した。そこで、『タイム』誌の記事が伝えるところによれば、あまったリンゴを蒸溜酒にする方法を学び、樽で熟成している。彼はそのためのライセンスを持っていないし、この非合法の蒸溜酒を売ってもいない。これはちょっとした趣味といっていい。地球を半周まわったブリティッシュコロンビアでも、若い新興成金たちが密造酒を造っている。そのひとりは『ヴァイス』誌にこう語った。

多くの人にとって、これは手づくりの技術を試すプロジェクトである。彼らは自分の力で何ができるかに興味があり、それを人とは少し違った方法でやりたいとも思っている。最大の目的は、政府のライセンスを持つ酒類販売店では手に入れることができない、本当に複雑で興奮させるフレーバーを見つけることだ。そして、もし自分自身でそれを造りたいのであれば、非合法で造らなければならない。

別の小規模の密造酒製造者はこう付け加えた。

アルコールの抽出は奇跡のようなプロセスだ……アルコールを使ってフレーバーを生み出す作業には何か美しいものがある。果物とハーブから抽出するエッセンシャルオイルが必要で、これを抽出物として利用する。自家製の蒸溜酒には、ただ酔っぱらうことを目的とするのとはまったく異なる、別の側面がある。

ユーチューブには密造酒を造る方法についてくわしく教えてくれる動画がたくさんある。自分で蒸溜酒造りをしたい人は誰でも、砕いたトウモロコシ、酵母、そのほかの必要な材料を売ってくれる小売業者をオンラインで見つけることができる。『ディスティラー』

誌にも、ボトル製造者、ラベル印刷業者、蒸溜機器を扱う企業の広告などが多数掲載されている。そのなかでも、小型の蒸溜器の売り上げは急増している。ヴォーン・ウィルソン大佐は300ドルから1万1000ドルの価格で銅製の蒸溜器を売っている。彼の容量10ガロンの「ジョージア・リッジ」蒸溜器は、小売価格が900ドルで、2005年の映画版『デュークス・オブ・ハザード』のなかでも使われていた。ウィルソンはアメリカの50州すべてに顧客がいると言い、BBCには「注文が多くてさばけないほどだ」と語っている。

しかし、「本物の蒸溜酒」を熱望する客のほとんどは、自分で造るのは手間がかかりすぎると気づく。そこで登場するのが、自らを「職人」と名乗る小規模の製造者たちだ。彼らは市場に参入して、地元産の「本物の」蒸溜酒にこだわる人たちの需要に応える。小さな蒸溜所が、合法密造酒への消費者の需要のほとんどを満たしている。彼らは、消費者がただ不純物の混じらない、アルコール度数の高い蒸溜酒を望んでいるだけではないとわかっている。それだけの基準なら、それを満たすウォッカがたくさんある。合法密造酒の買い手は間違いなく、禁断の果実を味わう機会にスリルを感じている。それは自由奔放なワイルドな時代や悪ぶった行動全般を連想させるからであるとともに、専門家が造る自家製品であることに魅力を感じるからでもある。そのために、合法密造酒ブランドは「本物」

や「地元産」や「新鮮」「家族のレシピ」「純粋」「手作業」「少量生産」「職人的な」「手づくりの」などのフレーズで消費者に売り込まれる。「ハットフィールド&マッコイ・ムーンシャイン」の宣伝文句はその代表だろう。

何世代も前からの伝統を受け継いだ、ハットフィールド&マッコイ・ムーンシャインに使われるレシピは、家族の名前を持つ山や川と同じくらい本物でオリジナル。オリジナルレシピはデヴィル・アンセ・ハットフィールドに属し、現在はウエストヴァージニアのギルバートで週に6日、ハットフィールド家代々の土地にある小さな蒸溜所で、ほんの少量を手作業で製造している。

従来のウイスキー製造業者は古くからこれらと同じ言葉を使って、スコッチやバーボンを売り込んできた。いまでは、合法的に設立された密造酒会社がこうした宣伝文句を使って大きな効果を上げている。それも無理はない。たとえば、ジョー・ベイカーは非合法の蒸溜が盛んな地域の出身で、彼には密造酒造りをしていた祖先がいた。彼が自分の製品を売り込むのにこうした事実を利用するのは当然だろう。ジュニア・ジョンソンやクライド・メイのブランドについても同じことがいえる。この両方のブランドの名前になった人物は、どちらも非合法の蒸溜酒を造ったために投獄された。

合法密造酒がブームになると、いくつかの大手酒造メーカーがその市場への参入を決めた。ジャックダニエルは熟成させないライウイスキーを売り出し、ジムビームは水のように透明な「ジェイコブズ・ゴースト」を売り出した。もう少し規模は小さいがそれでもバボンメーカーとして有名なバッファロートレースは、１２５プルーフ（アルコール度数６２．５パーセント）の「ホワイトドッグ」を販売している。彼らの持つ専門知識と、規模の経済、巨大な流通ネットワークを考えれば、大規模蒸溜所はクラフト蒸溜業者をつぶし、密造酒市場を征服するのではないかと思うかもしれない。しかし今日までそうした状況は起こっていない。大手蒸溜業者は非常に優れた蒸溜酒を造るが、消費者はこれらの有名メーカーの密造酒は「本物」ではなく、トレンドを追っただけの製品で、大手ビール会社が造る偽物のクラフトビールのようなものとみなしている。

本物の飲食物への需要のほとんどは、中産階級とエリート階級に見られる現象であることは間違いない。規模の経済のおかげで、大量生産される食品は少量だけ生産されるオーガニックの食品よりも安くなる傾向がある。社会の貧しい層は、合法密造酒にはほとんど興味を示さない。ボトル1本が20ドルから35ドルするものなら、なおさらだ。もっと安い本物の密造酒を手に入れることができるのだから。

合法密造酒が世界に広まる

合法密造酒は必ずしもアメリカに特異なものというわけではない。アイルランドでは1997年頃から「ノッキーン・ヒルズ・ポチーン」が出回っていた。熟成しない、アルコール度数の高い蒸溜酒の歴史は、アイルランドそのものと同じくらい古い。しかし、合法に製造されるアイルランドの密造酒が市場に出回り始めたのは、政府がこの製品への禁止令を解除してからのことだ。ノッキーン・ヒルズが登場したのも、それからまもなくだった。

合法のポチーンは、少しばかり理解がむずかしい製品だ。3世紀ものあいだ、税務調査官はこの酒を一掃しようと努力してきた。現在は、アルコール含有量が90パーセントという高さのノッキーン・ヒルズが、ヒースロー空港のターミナル1と3で売られている。バンラッティ・ミード・アンド・リキュール・カンパニーも、これほど強くはないが、ポチー

ヴァージニア州のカトクティンクリーク蒸溜所で造られる「モスビーズ・スピリット」。熟成しない純度の高いライウイスキーで、開拓時代のアメリカ人が夢中になったものと似ている。

「ノッキーン・ヒルズ」は、アイルランドの密造酒ポチーンの現代的・合法的バージョン。これはアルコール度数 90 度のもの。

ンの蒸溜を始めている。透明なこの蒸溜酒はアルコール度数40～45パーセントで、一般的な蒸溜酒と変わらない。

アイルランド海を超えてイギリスに渡ると、ロンドンの一部のバーは「ブートレッガー・ホワイト・グレイン・スピリット」を在庫に加えている。この蒸溜酒は恥ずかしげもなく、「禁酒法時代のスタイルのホワイトドッグ・スピリット」と銘打っている。「サイドキック」リキュールや「クラビー」というアルコール入りジンジャービールなどのブランドがあるヘイルウッド・インターナショナル社も、2012年に合法密造酒製品を発表し、1本あたり35ドルの価格で売りだしている。

ロシアも現在では、趣味の酒造家やライセンスを持つクラフト蒸溜業者の手で密造酒が造られている。たとえば、「コソゴロフ・サマゴン」が最初に販売されたのは2004年だった。この透明な酒はブドウから蒸溜したもので、数十年前の非合法のサマゴンのように見えるデザインのボトル入りで、1本40ドルで売っている。ロシアで売られているウォッカやその他の透明の蒸溜酒の価格よりはるかに高い。

賢いマーケティングと「本物の」酒への欲求は、アメリカから国境を越えて広まった。合法に製造され販売される密造酒は、さらに多くの国へと広まっていくことが予想される。

密造酒観光

この数十年、最初はワイナリーで、次にビール醸造所、そして最後に蒸溜所が観光産業の仲間入りを果たした。カリフォルニア州のソノマは、ワイン愛好家が好んで訪れる地だ。スコットランドはウイスキー観光で巨額の歳入を得ている。同じようなことが密造酒にも見られるようになってきた。地域の地元住民がかつては秘密にしていた密造酒造りの歴史を、売り込みに使える資産に変えている。

メソジスト教会と連携した私立大学のフェラム・カレッジは、密造酒観光の草分けだったかもしれない。バージニア州にあるこの大学は30年前にブルーリッジ研究所・博物館を開設した。研究所は地元の「習俗」を紹介しているが、そのなかに音楽、農作業、芸術、手工芸とともに、密造酒造りが含まれる。

ここ数年のあいだに、フロリダ州のベイカー郡はその遺産地域を密造酒博物館と倉庫にまで広げた。そこでは、非合法の蒸溜器と警察の追走をかわすために改造された運び屋の車（たとえば大型エンジン、追加したキャブレター、取り外した内装など）を見ることができる。同様に、テネシー州のグリーンヴィルも最近になって、シティ・ガレージ自動車博物館で展覧会を開き、酒類の密輸業者の改造車を誇らしげに展示した。テネシー州観光局は、ホワイト・ライトニング・トレイルに観光客を集めようとしている。これは密輸業者が走り抜けた320キロの長さに及ぶルートで、1958年のロバート・ミッチャム主演の映画のなかで「サンダーロード」と呼ばれていた道である。

ノースカロライナ州も密造酒観光産業への参入を始めた。州政府が開設した「ノースカロライナ・ムーンシャイン」のウェブサイトには、得意げにこう書かれている。

ノースカロライナでは「農場から食卓へ」運動が発展してきたが、「蒸溜所から店舗へ」運動も遅れをとっていない。地元住民の努力により小規模な蒸溜所の数が着実に増え、少量の密造酒、ウォッカ、ジン、ラムを手づくりしている。しかも今回はすべて合法だ。

ニュージーランド南島のサウスランド地方にある人口1万2000人の町ゴアには、密

地方は密造酒に誇りを持つようになってきた。この合法密造酒「パルメット・ブラックベリー・コーン・ウイスキー」の瓶には、「サウスカロライナ州認可」のシールが貼ってある。

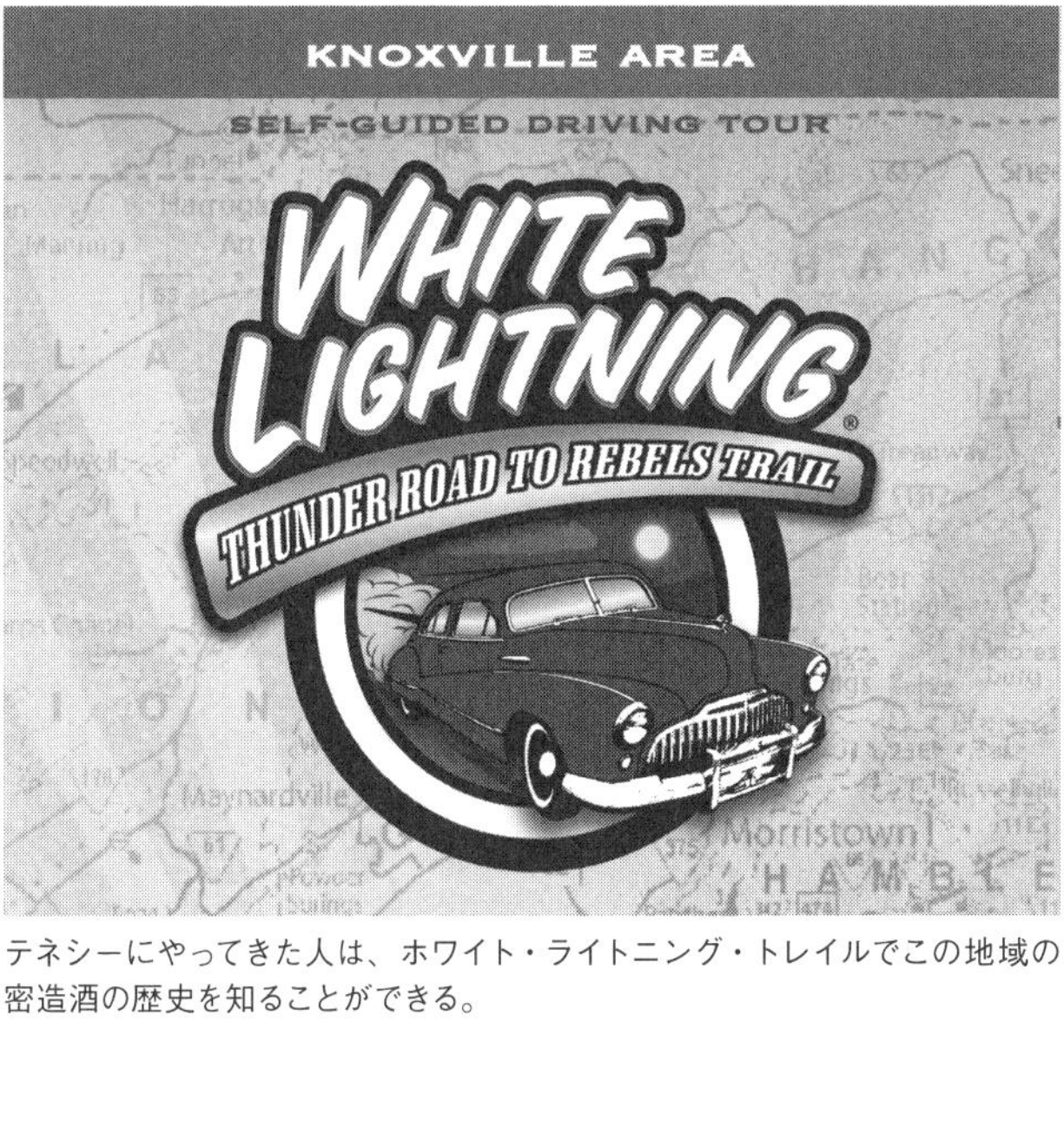

テネシーにやってきた人は、ホワイト・ライトニング・トレイルでこの地域の密造酒の歴史を知ることができる。

造酒をテーマにした博物館がある。このホコヌイ・ムーンシャイン博物館は地域の130年に及ぶ密造酒造りの歴史を誇り、違法に造られたアルコールの物語と、それを製造し密輸した狡猾な製造者たちについて解説している。見学者は「オールド・ホコヌイ」を買うこともできる。合法に製造されたウイスキーで、かつてこの地域の捕鯨船員や商人に人気のあった非合法の安酒を再現したものだ。

昔の犯罪者たちとは違って、新たに合法の事業として運営される密造酒蒸溜所は開放的な方針をとっている。見学者を歓迎し、このすばらしい職人技でできる酒が蒸溜器から滴り落ちるまでの過程をくわしく説明している。地元政府は規制を緩和し、蒸溜酒製造所が製品サンプルを提供すれば、蒸溜所で販売することを認めた。小規模の蒸溜所にはテイスティングルームさえ備えているところがあり、見学者は自家製の蒸溜酒を使ったカクテルを楽しむことができる。

21世紀の密造酒

世界の大部分の地域では、密造酒はいまも隠れて造られるもので、違法で危険なビジネスである。最近になって、その事業は合法化され始めた。驚くことではあるが、この動きは予想されたものだった。お金と密造酒は古くから密接にからみ合ってきた。禁酒法政策とマスメディアのおかげで、密造酒のための大衆市場と大衆文化が生まれた。現在はインターネットが人々の密造酒への認識と関心を高め、このビジネスへの新たな参入者に情報を与えている。

これらの傾向はアメリカをはじめとする少数の先進国に集中してきたが、ほかの地域にも広がっていくだろうと信じるに十分な理由がある。密造酒はどこでも造られる。そして、その性格上、危険でワイルドだという魅力的な評判がともなう。サマゴンやポチーンの合法版はすでに存在する。安全で合法なチャンガーやラオラオやトディも、すぐに現れるかもしれない。密造酒は利益につながる。そして人々は、密造酒が与えてくれる酔いとスリル、そして密造酒がからんだ冒険に引かれ続けるだろう。

結論
密造酒と私たち

密造酒の物語はしばしばアメリカの町を牛耳るギャング、フラッパー、地方のしたたかな住民と警官（善人と悪人両方）の話として語られる。本書では、密造酒の歴史はもっと深く、多様な登場人物、筋書き、舞台を持つ物語であることを伝えようとしてきた。

密造酒は何百年も前から存在し、いま現在も消えていく徴候は見られない。永遠の代用酒で、密造酒の瓶のなかに何が入っているかは、その地域の歴史と手に入る原材料によって、土地ごとに変わっていく。経済も当然ながら重要な役割を演じる。密造酒は市場があいただろう。

るから製造される。もし誰も欲しがる人がいなければ、いまごろは世の中から姿を消して

序章において私は、密造酒が人々を魅了し続けている理由を知りたいというのが、この本を書いた動機のひとつだったと説明した。もちろん、私たちは気持ちよく酔うために密造酒を飲んでいる。そして、密造酒が意味する何かのためにもそれを欲っしている。その「何か」は、人によってそれぞれ異なる。ナイジェリア、フィラデルフィア、マンチェスターのスラムに住む人たちにとって、密造酒はみじめな生活を忘れさせてくれる、安くてすぐに酔わせてくれる飲み物だ。先進国の大学生にとっては、密造酒をガブ飲みすることで、仲間に自分が大胆で無謀なところがあることを証明できるものだ。アイルランド、ケンタッキー、ウクライナ、タイの田舎に住む人たちにとっては、自家製の密造酒は安価な飲み物で、それを飲むのは古くからの習慣でもある。自由主義者や進歩主義者の人たちにとっては、密造酒は政府に対する自由と抵抗の宣言になる。イランやパキスタンの禁酒法政策のもとで暮らす人たちにとっては、違法に製造された蒸溜酒は手に入る唯一の酒類になる。マニアにとって、密造酒をすることは、何かを造る楽しみと褒美を与えてくれる。美食家にとって、密造酒は合法のものでも非合法のものでも、「本物の」蒸溜酒を楽しむ

機会を与えてくれる。

哲学者のニーチェ風に締めくくるなら、密造酒のグラスをじっくりながめているときには、密造酒のほうもこちらを見つめ返している。

謝辞

すばらしいエディブルシリーズの1冊として、本書の執筆を依頼してくれたアンドリュー・F・スミスに感謝したい。また、リアクション・ブックスの恐れを知らない発行人、マイケル・リーマンにも大きな借りができた。彼は私にこの小さな本と全力で格闘する十分な時間を与えてくれた。編集者のマーサ・ジェイとスザンナ・ジェイズにもお礼を言いたい。

調査資料を提供し、非合法の酒類とその歴史について話してくれた聡明で親切な以下の方たちにも感謝している。全米蒸溜酒協議会のデイヴィッド・オズゴ、ジョージタウン大学のマーク・L・ブッシュ、オール・スモーキー社のアダム・チェイリー、ミシェル・クリステンセン、ハリー・ホーガン、ジェリー・マンスフィールド、ジョー・ベイカー、インド国際蒸溜酒ワイン連盟のビリー・ディーン・ピアース、ケヴィン・オウンビー、クロエ・ブース、ジェフリー・ヴァンス、ジャレッド・ネイジェル、マーク・ウィルカーソン、ギャビー・プッシュ、フランシス・マカーシー、ロゼアン・セッサ、リチャード・フォス、ソンジョイ・モハンティ、ショーン・リース、そして、名前を出さないことを希望された多くの人たち。

写真ならびに図版への謝辞

図版の提供と掲載を許可してくれた関係者にお礼を申し上げる。

An-d: p.9; Brankomaster: 口絵 p. 3; British Consulate, Bali: p. 131; Catoctin Creek Distillery: p. 177; Copper Top Stills: p. 079; Giovanni Dall'Orto: p. 035; Distiller magazine: p. 169; Federal Bureau of Investigation, Washinghton, DC: p.075; Hans Hillewaert: p. 055; Somalatha K: pp. 013, 145; KirkK-mmm-yaso!!!: p.059; Knockeen Hills Distillery : p. 177; Kevin R. Kosar: pp.041, 121, 155,181; Library of Congress, Washington, DC: 口絵 p.1, 2, pp.073, 083, 085, 087, 091, 109, 113, 115,137 ; Mathare Foundation: 口絵 p. 4; The Metropolitan Museum of Art, Washington, DC: p. 085; Frederick Noronha: p. 033; Ole Smoky: 口絵 p.2; JMPerez: p. 159; Billie Dean Pierce: p. 141; Rama: p. 029; Ranjithsiji: p. 093; David Stanley: 口絵 p. 3; Thailand Department of Special Investigation: p. 155; TNTrailsAndByWays.com: p. 181; Westerville Library, Ohio: p.109

Rowley, Matthew B., *Moonshine!* (New York, 2007)

Smith, Gavin D., *The Secret Still: Scotland's Clandestine Whisky Makers* (Edinburgh, 2002)

Watman, Max, *Chasing the White Dog: An Amateur Outlaw's Adventures in Moonshine* (New York, 2010)

Wilkinson, Alec, *Moonshine: A Life Pursuit of White Liquor* (New York, 1985)

World Health Organization (WHO), *Global Statue Report on Alcohol* (annually)

参考文献

Dabney, Joseph Earl, *Mountain Spirits: A Chronicle of Corn Whiskey from King Jame's Ulster Plantation to America's Appalachians and the Moonshine Life* (Asheville, NC, 1974)

Forbes, R.J., *A Short History of the Art of Distillation, 2nd edn* (Leiden, 1970)

Greer, T. K., *The Great Moonshine Conspiracy Trial of 1935* (Rocky Mount, VA, 2002)

Howell, Mark D., *From Moonshine to Madison Avenue: A Cultural History of the NASCAR Winston Cup Series* (Bowling Green, OH, 1997)

Jubber, Nicholas, *Drinking Arak off an Ayatollah's Beard: A Journey through the Inside-out Worlds of Iran and Afganistan* (Cambridge, MA, 2010)

Kania, Leon W., *The Alaskan Bootlegger's Bible* (Wasilla. AK, 2000)

Kellner, Esther, *Moonshine: Its History and Folklore* (Indianapolis, IN, 1971)

Licensed Beverage Industries, *Moonshine: The Poison Buisiness* (New York, 1971)

MacDonald, Ian, *Smuggling in the Highlands* (Inverness, 1914)

McGuffin, John, *In Praise of Poteen* (Belfast, 1978)

Okrent, Daniel, *Last Call: The Rise and Fall of Prohibition*(New York, 2010)

Owens, Bill, *Modern Moonshine Techniques* (Hayward, CA, 2009)

Rogers, Adam, *Proof: The Science of Booze* (New York, 2014)

アダム・ロジャース『酒の科学――酵母の進化から二日酔いまで』夏野徹也訳、白揚社、2016 年

おすすめの合法密造酒ブランド

バッファロー・トレイス・ホワイトドッグ・マッシュ（Buffalo Trace White Dog Mash）＃１（アメリカ）
バンラッティ・ポチーン（Bunratty Potcheen）（アイルランド）
ハドソン・ニューヨーク・コーン・ウイスキー（Hudson New York Corn Whiskey）（アメリカ）
ジュニア・ジョンソンズ・ミッドナイト・ムーン（Junior Johnson's Midnight Moon）（アメリカ）
ノッキーン・ヒルズ・アイリッシュ・ポチーン（Knockeen Hills Irish Poteen）（アイルランド）
モスビーズ・スピリット・アンエイジド・オーガニック・ライ・ウイスキー（Mosby's Spirit Unaged Organic Rye Whiskey）（アメリカ）
オール・スモーキー・ムーンシャイン（Ole Smoky Moonshine）（アメリカ）
オニックス・ムーンシャイン（Onyx Moonshine）（アメリカ）
ポップコーン・サットンズ・テネシー・ホワイト・ウイスキー（Popcorn Sutton's Tennesse White Whiskey）（アメリカ）
ヴァージニア・ライトニング（Virginia Lightning）（アメリカ）

レシピ集

密造酒のカクテルは、どの種類の密造酒を混ぜるかによってすべてが決まる。ジントニック、ジンリッキー、トムコリンズ、ギブソン、ギムレット、マティーニなどのカクテルには、自家製のジンを合法のジンの代わりに使えるかもしれない。同じように、トウモロコシでつくられる密造酒には甘さが残っているため、バーボンベースのカクテル、ミントジュレップやマンハッタンなどでバーボンの代用にできるかもしれない。密造酒はじつにさまざまだ。そのため、カクテルの可能性も無限に広がる。このレシピ集では、代表的なカクテルをもとにした簡単にできる密造酒カクテルをいくつか紹介する。

フレンチ 75

【材料】

ジンに似た密造酒…50ml

レモン汁…15ml

白いグラニュー糖…小さじ 1

シャンパン…114 ～ 170ml

【つくり方】

1. 密造酒、レモン汁、砂糖をシェイカーに入れ、角氷 4 個を加えて強く振る。

2. トールグラスに注ぎ、その上にシャンパンを注ぎ足す。

……………………………………

密造酒のブラディマリー

【材料】

ウォッカに似た密造酒…42ml

マキルヘニー社のタバスコ…4 滴以上

コショウ…2 つまみ

トマトジュース…150ml

セロリの茎…1 本

【つくり方】

1. セロリ以外のすべての材料をシェイカーに入れ、角氷 4 個を加えてよく振る。

2. 広口グラスに注ぎ入れる。半パイントグラスか大きめのロックグラス（オールドファッションド・グラス）などがいい。

3. セロリの茎を添える。

……………………………………

密造酒のハーヴェイ・ウォールバンガー

【材料】
ウォッカに似た密造酒…50ml
オレンジジュース…150ml
ガリアーノ（リキュール）…30ml
オレンジ（くし切り）…1切れ

【つくり方】
1. オレンジ以外のすべての材料をシェイカーに入れ、角氷4個を加えてよく振る。
2. 広口グラスに注ぎ入れる。半パイントグラスや大きめのロックグラス（オールドファッションド・グラス）などがいい。
3. オレンジを飾りつける。

……………………………………

密造酒のミントジュレップ

【材料】
バーボンに似た密造酒…85ml
ミントの葉…4～6枚
砂糖シロップ…25～65g（225gの砂糖を227mlの熱湯に溶かしてつくる）
ミントの小枝…1本

【つくり方】
1. 冷やしておいた大きめのロックグラス（オールドファッションド・グラス）に、ミントの葉と密造酒を入れる。
2. 砕いた氷をグラスのふち近くまで加える。
3. シロップを注ぎ入れ、ミントの枝を飾りつける。

……………………………………

密造酒のモヒート

【材料】
ミントの葉…10枚
ライム…1/2個（くし形に4等分する）
白砂糖…大さじ1～2
ラム酒に似た甘口の密造酒…40ml
炭酸水…115ml

【つくり方】
1. ミントとライムを大きめのロックグラスに入れて、ペストル［小さなすりこぎ棒］でつぶす。
2. 砂糖、角氷3～4個、密造酒を加える。
3. 炭酸水を注ぎ足す。

……………………………………

密造酒のトムコリンズ

【材料】
ジンに似た密造酒…50ml
レモン汁…15ml
白いグラニュー糖…小さじ1
炭酸水…114 ～ 170ml
ライムのスライス…1枚
【つくり方】
1. 密造酒、レモン汁、砂糖をシェイカーに入れ、角氷4個を加えて強く振る。
2. トールグラスに注ぎ入れ、炭酸水を足してライムを飾りつける。

……………………………………

密造酒のレモネード

【材料】（4杯分）
ウォッカに似た密造酒…114ml
レモン汁…225ml（レモン4個分をしぼる）
砂糖…100g
水…675ml
レモンのスライス…4枚、またはミントの小枝…4本
【つくり方】
1. 水と砂糖を片手鍋に入れ、かき混ぜながら弱火にかける。
2. 砂糖が溶けたら火を止め、冷やしてから瓶に移す。
3. 密造酒とレモン汁を加えてかき混ぜる。
4. 氷を入れたロックグラス4個に注ぎ、レモンかミントを飾りつける。

……………………………………

密造酒のトディ

【材料】
密造酒（風味の強くないものなら何でもいい）…50ml
ハチミツ…大さじ2
レモンのスライス…1枚
熱湯…170ml
スパイス（シナモン、クローヴ、アニスなどを好みで）…適量
【つくり方】
1. 密造酒、ハチミツ、レモンの薄切りを大きなマグ（容量340ml以上のもの）に入れ、レモンをつぶしてレモン汁を出す。
2. 熱湯を注ぎ、ハチミツが溶けて密造酒が全体にいきわたるまでゆっくりかき混ぜる。
3. スパイス少々を加え、香りが立つまでさらにかき混ぜる。

ケビン・R・コザー（Kevin R. Kosar）
ウェブサイト「アルコール・レビューズ・コム AlcoholReviews.com」創立者。『「食」の図書館　ウイスキーの歴史』（原書房）、『オックスフォード版　アメリカの飲食文化百科事典 *Oxford Encyclopedia of Food and Drink in America*』その他、酒に関しての執筆多数。アメリカ最大の国際的酒類コンペティション「サンフランシスコ・ワールド・スピリッツ・コンペティション」では審査員を務める。シンクタンク「R ストリート研究所 R Street Institute」ではシニアフェローとしてアルコール政策プログラムを指揮している。

田口未和（たぐち・みわ）
上智大学外国語学部卒。新聞社勤務を経て翻訳業に就く。主な訳書に『「食」の図書館　ピザの歴史』『「食」の図書館　ナッツの歴史』『「食」の図書館　サラダの歴史』『「食」の図書館　ホットドッグの歴史』『フォト・ストーリー　英国の幽霊伝説：ナショナル・トラストの建物と怪奇現象』（以上、原書房）、『デジタルフォトグラフィ』（ガイアブックス）など。

密造酒《みつぞうしゅ》の歴史《れきし》

●

2018 年 1 月 28 日　第 1 刷

著者………ケビン・R・コザー
訳者………田口未和《たぐちみわ》
装幀………國枝達也
発行者………成瀬雅人
発行所………株式会社原書房
〒 160-0022 東京都新宿区新宿 1-25-13
電話・代表　03(3354)0685
http://www.harashobo.co.jp/
振替・00150-6-151594
印刷………シナノ印刷株式会社
製本………東京美術紙工協業組合

ISBN 978-4-562-05469-5 Printed in Japan